美好的房子

绿城中国 主编

『场所精神』的核心在于，
和自然对话，
和城市对话，
和人的对话。

浙江大学出版社
ZHEJIANG UNIVERSITY PRESS

《美好的房子》编辑委员会

主　　编　绿城中国

顾　　问　杜　平　徐晓杭

执行主编　刘仲晖　唐梦霞

编　　委　李玲芝　周华诚　吴卓平　朱伶俐

目
录　Contents

以"城市地标"筑美好生活　001

Part 01　桂冠东方：颁给生活的桂冠

钱塘卷千雪，九月立波涛

——浙江母亲河的另类解读　006

东方书华章，璨璨若桂冠　016

Part 02

桂语朝阳：楚地"朝阳"初升

伫立500年后湖，看"朝阳"初升　034

晴川历历见朝阳，芳草萋萋闻桂语　044

Part 03　西溪雲庐：在云与梦之间

西溪风雅颂：寻找失落的优雅　058

西溪一朵云，结庐在人境　071

Part 04

沁园："沁"香谁为传

西进！美好生活盛放地　086

沁园——都市里的诗意栖憩地　090

Part 05　凤起潮鸣：大音希声

潮鸣天地间　112

与世界共潮鸣　127

Part 06   **桂语江南：春风又绿江南岸**

万物生长时   150

这是一座城市的生长样板   153

Part 07

西山燕庐：你好，北京

西山依旧在，几度烟云红   166

日暮乡关望西山   177

Part 08   **杨柳郡：美好Young生活**

江边小镇：七堡   192

七堡的七宝   196

Part 09

江南里：重回大运河的黄金时代

旷世运河   212

江南里·江南忆   226

Part 10   **孔子博物馆：曲阜论语**

东方圣城"新三孔"   238

曲阜新说   253

Part 11　　**深蓝：世界之蓝**

海边，云上：一种向上生长的愿望　262

青，深而为蓝　272

Part 12

沈阳全运村：绿城人的一场运动会

十年吟咏，今朝放歌——绿城和全运村的故事　292

与沈阳相逢　300

绿城深耕东北的"辽沈战役"　304

Part 13　　**杭氧保障房：让更多的人住更好的房子**

绿城建的"最美保障房"　314

到底有多难？

——实访绿城杭氧保障房项目　319

Part 14

蓝湾小镇：南海之滨的理想小镇

我们，在追求什么？　328

生活第一，房子第二　335

Part 15　　**新桃花源记**

桃源五记　344

后　记　368

以『城市地标』

筑美好生活

绿城的产品，是承载人类精神、传承人类文明的产品。

——宋卫平

200多年前，德国古典浪漫派诗人荷尔德林写下《人，诗意地栖居》。后经海德格尔的哲学阐发和倡导，"诗意地栖居在大地上"几乎成为所有人对美好生活的向往。

生活和房子息息相关。房子作为盛放生活的容器，显现了我们对居住空间的审美和态度，记录了我们对现实世界的观察和思考，寄托了我们对美好城市、美好生活的憧憬。

在很多人心里，绿城是"好房子""品质生活"的代名词。"一生总要住一次绿城"也成为很多人的奋斗目标。细数绿城的作品，品质产品不胜枚举——桂花城、玫瑰园、桃花源、春江花月、蓝湾小镇、"最美保障房"、沈阳全运村、深蓝中心、孔子博物馆、桂语江南、凤起潮鸣、乌镇雅园、安吉悦榕庄……历经20多年的发展，绿城已进驻全球200余座城市，营造了近1000座美丽家园，为不计其数的人创造美好生活。

中国人说，"一方水土养一方人"。这和挪威著名城市建筑学家诺伯舒兹提出的"场所精神"不谋而合。在绿城的观念里，建筑是一种需要以极致的追求去逼近的理想，是对造物的虔诚，是对"场所精神"的具象表达。

在某种意义上，"场所"是一个人记忆的一种物体化和空间化，或是人对一个地方的认同感和归属感。每个地方，每个场所，都有它特定的气质。

因此，绿城在参与城市建设、城市创造前，必先研究城市的自然地脉和人文历史。这种抽象的概念，可以用具象的方法表达。比如说：一面墙的质感和色彩，一排房子的高低和距离，一座山的形，一池水的声，甚至一阵风的味道，一道光的强弱，这些都是构成"场所精神"的整体性的元素。读城，读史，读人，方能营造一个个来源于生活的作品。

创刊于2001年的《HOME绿城》杂志，辟《城市地标》这一栏目专门记录绿城标志性作品及其背后的人文故事。我们将这些故事集结成书、面向大众，希望能让更多人看到——美好的房子是如何通过建造师之手、脑甚至灵魂，与城市对话，与居住者对话，与历史对话。

本书中的15件绿城作品，不仅展现建筑本身，展现建筑里盛放的生活，更挖掘了建筑脚下——它扎根的这座城市的精神、气质和变迁史。光阴荏苒，如白驹过隙。从流水的江南，到落雪的北国，从澎湃的滨海之地，到锦绣的荆楚潇湘，借着绿城建造师营造的城市地标——或是温暖人居，或是养老之所，或是理想小镇，或是商业中心，生活的理想逐渐落成理想的生活。

对于美，我们从不放弃追逐的脚步。谨以此书，献给那些热爱美，热爱生活，并为之不断付出努力的人。

Part 01

桂冠东方

颁给生活的桂冠

桂冠东方，
将为充满激情、热爱生活的人加冕，
铭记杭州的高光时刻。

钱塘卷千雪，九月立波涛

浙江母亲河的另类解读

The Alternative Interpretation of Zhejiang's Mother River

"心心相融，@未来"（heart to heart，@future）——这是2022年第19届杭州亚运会的主题口号。互联网符号"@"，既代表了万物互联，也契合了杭州互联网之城的特质，中文读作"心心相融，爱达未来"。

杭州正在@世界，希望各国和各地区人民在亚运会大舞台上用心交融，互相包容，紧密相拥。这座城也将与"更快、更高、更强"的奥林匹克口号相契合，寄托着面向未来、共建亚洲和人类命运共同体的良好愿望。

杭州也在@自身，这座飞速崛起的城市，已经从"西湖时代"走向"钱塘江时代"，实现了环湖到跨江再到拥江的发展。借助举办亚运会的契机，杭州还将打造独特韵味与别样精彩兼具的"向东是大海"的"奔竞时代"，这座城一直都在奔跑。

亚运会即将在钱塘江畔召开，这条江也叫之江，之者，去也。奔赴大江，就是澎湃动力。或许，我们可以从这条江的历史维度，去解读杭州的奔竞基因，去解读杭州的征服基因，去解读杭州的弄潮基因，去呈现一个你可能并不了解的杭州。

由此，就能理解绿城亚运村项目的由来：桂冠东方城。

这个名字，一定是出于光荣与梦想！

钱塘江

钱王射潮 @ 两强相遇勇者胜

浙江之名，源自之江，一条曲折前行奔向东海的大江。

浙江之魂，源自钱塘，一种"弄潮儿向涛头立"的精神。

无论之江，还是钱塘，说的都是一条江——钱塘江。浙江第一江河，直奔入海，海水倒灌，江海直激，催生了"八月十八潮，壮观天下无"的自然奇观。

很多人都不知道，这条江还曾有过另一个名字——罗刹江。出生于富阳的唐代诗人罗隐《钱塘江潮》有诗为证："怒声汹汹势悠悠，罗刹江边地欲浮。"

相传，江中曾有怪石，船近即起风浪，动辄船翻人亡。人说怪石有鬼，就起名"罗刹石"，这条江也因此得名"罗刹江"。

其实，正是这条汹涌澎湃的险恶大江，塑造了今日温婉柔美的江南风景，也激起了浙江人的激情与斗志，更接续着吴越先民的血性与勇气——

4000多年前，西湖与大海相连，海湾入口有两座岬角小山——吴山与宝石山。杭州先民披发左衽，以渔猎为生，凭航船进出，在海上搏命。

2000多年前，吴越先民尚武好勇、敢于挑战且永不服输，向狂暴的大自然发起冲击，在涛声雷动中射潮逐浪，或许这就是最早的奔竞精神吧。

相传，1000多年前，钱塘江潮水冲击力极猛，两岸堤坝刚刚修好就被冲坍。百姓以为是潮神作怪，偏偏吴越王不信这个邪，在八月十八潮水最狂暴之日，引万名弓箭手怒射潮头。吓得潮水在六和塔边逃遁而去，江水弯曲向前流去，形成一个"之"字，此地因此得名"之江"。

此后，海堤终于造成。百姓为纪念钱王射潮功绩，就把海堤称作"钱塘"。

射潮之外，更有弄潮，杭州太守白居易在《重题别东楼》诗前注有："每岁八月迎涛，弄水者悉举旗帜焉。"弄潮，在大唐就已是一项深受人们喜爱的体育活动了。

都说宋代文弱，其实弄潮之风更盛。有潘阆《酒泉子》为证："长忆观潮，满郭人争江上望。来疑沧海尽成空，万面鼓声中。弄潮儿向涛头立，手把红旗旗不湿。"弄潮者得胜回城，往往会得到明星般的追捧与嘉奖，"一跃而登，出乎众人之上者，率常醉饱自得，且厚持金帛以归，志气扬扬，市井之人甚宠善之"。

这种年复一年的弄潮逐浪，让健儿竞逐桂冠，令世人仰慕英雄。南宋虽蹈海而亡，"吴越中分两岸开，怒涛千古响奔雷"的之江精神始终不灭。

时至今日，江南文化虽由尚武演变为崇文，弄潮所代表的竞技精神却从未湮灭。手把红旗，勇夺桂冠，早已成为东方文化符号，更成为浙江发展动力。

2022年9月10日，第19届亚运会将在杭州举办。当天正值农历八月十五，钱塘江涌潮极盛之日，潮头可达数米，以澎湃之力共同为健儿加油。

钱塘江之畔，钱江世纪城板块核心区，坐落着绿城所承建的杭州亚运村，它与奥体博览城、钱江新城三足鼎立，构成一个"拥江铁三角"。

桂冠东方城，对应着"更快"的体育精神。

射潮之心，就是这座始终在奔跑竞技的城市的动力。

钱塘江

豪杰辈出 @ 我已使出了洪荒之力

浙江之本，源自奔腾，一条由山而来挟带能量的血脉。

浙江之核，源自召唤，一种"海到尽头天作岸"的眼光。

钱塘江映射着勾践雪耻的决心——公元前494年，越国被吴国打败，越王勾践被俘，忍辱负重，3年后被释放回越国。他卧薪尝胆，送西施渡江入吴，派范蠡屯兵江畔，其后数次大败吴军，最终于公元前473年攻破吴都，灭吴称霸。

钱塘江曾经考验过帝王的意志——公元前210年秋，秦始皇南巡，过丹阳，至钱唐，临浙江，水波恶，乃西百二十里从狭中渡，上会稽，祭大禹。经考证，秦始皇最终渡过浩荡钱塘江的地方，应该在现今富阳金桥乡附近。

钱塘江也是水师大阅兵的沙场——早在唐朝，每逢八月十八，官府都会在定山以东水面检阅水师。吴越国和南宋时期，这里更是水师检阅要地，全杭州城百姓都会出来观看军队演习，这也成为八月十八观潮的来历，潮水与征战相得益彰。

钱塘江见证过陆游一家的南渡——陆游之父陆宰，1127年身怀靖康之耻举家南渡，随身携带万卷藏书，渡钱塘江回到绍兴乡下的大宅。陆家藏书之丰，闻于士林。北方沦陷后，大批精英与士大夫南迁，南方的文化逐渐强劲，名家辈出。

钱塘江目击过烈士秋瑾的决绝——1907年7月10日，秋瑾得知徐锡麟起义失败并被杀的消息，失声痛哭，预感自己也将为国捐躯。7月13日，有人通知她，清兵已过钱塘江，催她逃离。秋瑾说："我不入地狱，谁入地狱？"

钱塘江上还走过了横眉的鲁迅——1902年，他东渡日本，想要"以日为师"，寻找"救亡图存"之道。他先学医，意在改善被讥为"东亚病夫"的中国人的体质。后弃医从文，提出"立国"必先"立人"，呼唤"精神界之战士"。

钱塘江赋予蔡东藩治史的孤绝——从1916至1926年的10年间，他写成《中国历朝通俗演义》，记述公元前221年至1920年间的重大事件与重要人物，自写正文，自写批注，自写评述，抨击清廷腐败，其间虽收到恐吓信及子弹亦不修改。

自秦始皇渡江后，由于江潮澎湃，江底流沙，钱塘江上2000多年来一直未能架桥，那些有志于天下者都必借舟楫之力涉水。直至1937年，才由桥梁专家茅以升设计建成了第一座钱塘江大桥，与古老的六和塔相映，印证着中国人的决心。

以这条大江为背景，我们就能看到杭州乃至浙江的"洪荒之力"。

2016年，里约奥运会女子100米仰泳比赛中，杭州运动员傅园慧勇夺第三名。记者问她觉得自己状态如何，傅园慧开心地说："很好，我已使出了洪荒之力！"

备战亚运，杭州也使出了洪荒之力。这座江南名城看起来温文尔雅，做起事来却风风火火。如果把钱江世纪城看作一名运动员，我们正可以从过去、今天、未来三个层面，观察她如何实现"文明其精神，野蛮其体魄"的全过程。

这是一座动感之城：开局就是决战，起跑就是冲刺。

从开局之初，场馆就不仅仅是为了办亚运会而建的，更多的是为市民提供体育场所，打造杭州城市新名片，进而提升城市能级，推进城市国际化。亚运会后，奥体板块将成为亚运体育公园，集体育、科研、娱乐、会展、大健康等于一体。亚运三馆将成为新一代体育综合体、青少年体育培训基地、文娱集聚地，综合训练馆部分将设置为体育文化产业园，引进体育文化类旗舰品牌等。

这是一座幸福之城：办好一个盛会，提升一座名城。

亚运社区成功入选浙江省首批未来社区试点创建项目建议名单，将以"人本化""生态化""数字化"为价值导向，打造未来邻里、教育、健康、创业、建筑、交通、低碳、服务和治理"九大场景"，全方面提升社区人群的幸福感和获得感。

亚运会后，这里将呈现一个全新的城区，各项配套完善：既规划有博物馆、图书馆、社区文化中心、社区体育中心、小学、幼儿园，还规划有大型商业综合体、星级酒店、写字楼，更有约2.7万平方米市政公园用地，可享四时之美。在这座"城市小镇"，交通、商业、教育、休闲设施等一应俱全，全方位满足全龄生活之享。

这是一座科技之城：给你一个支点，期许一个未来。

"全国数字经济第一城"杭州，正在为亚运会注入前所未有的科技元素。依托杭州的"城市大脑"，人工智能、大数据、物联网、虚拟现实、5G通信等前沿技术，以及中国自主研发的北斗导航技术，都将与体育和生活"碰撞"出智慧之花。

与亚运会相伴，新经济随之而来：以金融、科技、总部为主导和以体育、会展、数字为特色的"3+3"产业格局正在形成，钱塘江金融城、图灵小镇、国际人才社区、国家音乐产业基地等四大平台建设也渐显雏形。

钱塘江之畔，新潮流、新生活、新人类正层出不穷。或许，以亚运会作为风口，一个"亚洲世纪"即将回归，在这个充满着不确定的年代里，唯有创新与变化才是确定的事物。

桂冠东方城，绿城亚运村之梦，对应着"更强"的体育精神。

弄潮儿，为互联互通的城市加油喝彩。

杭州奥体中心

大禹治水 @ 我们彼此连接的渴望

　　浙江之力，源自聚合，一种吸纳大小江河、奔竞投身大海的伟力。

　　浙江之胆，源自围垦，一种变沧海为桑田、向滩涂要土地的勇气。

　　钱塘江是一条难以驯服的巨龙。几千年来，平均2.7年就要发生一次大洪涝灾，每3.4年中就有一场大旱灾，每7.3年中就有一次大潮灾。特别是河口地区潮强流急，灾害不断。但是，浙江从来就是一部寻求"人水和谐"的改天换地的历史。

　　从史传大禹治水成功，"大会诸侯于会稽"，再到当代新安江、分水江、老虎潭、长潭、珊溪等一座座水库落成，"紫金锁澜"，化狂澜为平湖，筑大坝如丰碑。

杭州奥体游泳馆效果图

"全中国每天有一亿人，在兴修水利的战线上。古老的中国，正在一天一天地起着变化。"这种不可思议的劳动场景，正是荷兰著名导演伊文思眼中的中国。

杭州余杭，原本叫作"禹航"，意为大禹舍舟登陆之地。今天这里成为中国互联网高地，或许正来自人们彼此连接的渴望，正与古时的治水有关。

杭州亚运村所在的钱江世纪城，矗立在数十年前人们围垦滩涂争取来的土地上，那是人们聚合洪荒之力改造自然的结果，体现的正是永不言败的竞技精神。

这里地处钱塘江喇叭口，海水的潮汐运动所形成的钱江潮时刻侵袭冲刷着沿岸土地，钱塘江畔形成了大面积的滩涂。到20世纪60年代，这里的人们打响了围垦战役，数万人奔赴大围垦第一线。

人们在盐碱地上搭起毡棚草舍，用肩扛手拉的原始作业方式，筑起了一道道海堤，锁住钱江潮水，夺得了数万亩良田。简易公路上，手扶拖拉机接连不断；围垦河道上，各种船舶首尾相接；采石场里，炮声隆隆；围垦工地上，大堤在一寸寸地长高。

20世纪后半叶，萧山人用最原始的劳动工具和生产方式，把361平方千米滩涂变成良田，增加了萧山四分之一的土地总面积。向汪洋要空间，变沧海为桑田，大围垦被称作"人类造地史上的奇迹"，为杭州城市空间拓展储备了宝贵的土地资源。

在钱塘江河口萧山段，巍巍大堤阻挡了滚滚浪潮。萧山大围使这里形成了粮、棉、麻、蚕桑、禽蛋等许多上规模的生产基地。商业服务、金融邮电、医院学校相继建立，工业发展如同雨后春笋。

40多年前的改革开放，拉开了萧山工业化序幕。通过大力发展民营经济，实施农村工业化，萧山实现了从农业经济向工业经济的转型，形成了"以工促农、以城带乡"的萧山路径。萧山经济始终立于全国区县最强方阵。

从大围垦到工业化，再到如今以钱江世纪城为新中心的城市化，以G20峰会与亚运会双重加持，依海拥江，萧山历经"三次创业"，正在向"一江两岸，高楼林立"的梦想而来。钱江世纪城也是中国的世纪城，它要打造中国城市化新模式样板城区。

在十九大纪念邮票上，杭州国际博览中心登上"国家名片"。

钱塘江畔，一个个地标建筑正划出全新的城市天际线。钱江世纪城，已然成为区域城市化的封面与标杆，杭州城市新中心正呼之欲出。

上下几千年，这条大江之上始终上演着"更快、更高、更强"的运动会，从未落幕，也永无终点。百代之人对应着千秋大业，百舸争流引领着千帆竞发。

桂冠东方城，正是钱塘江的奔竞之心，对应着永不言败的精神。

建筑解析

东方书华章，璀璨若桂冠

A Crown of Glory in the East

　　运动，是一个人永葆青春与活力的秘诀，也是一座城市拥有激情与动力的秘诀。运动的基因，"更快、更高、更强"的体育精神，自我挑战的精神与创造历史的勇气，是一个企业成长的秘密，更是所有人对生活变得更加美好的追求。

热爱与美好：运动改变我们的生活

运动几乎伴随着人类成长的整个历史。据说在公元前11世纪，古希腊便出现了定期举办的运动会。不过那时的运动会大都是地区性的，并且只有赛跑一种项目。

公元前8世纪，奥林匹亚地区的运动会发展至鼎盛，逐渐形成包括希腊许多其他城邦，以及小亚细亚等诸多地区共同参加的体育盛事。

当时的运动会被誉为"献给奥林波斯的宙斯的运动会"，以表示对神话传说中的主神宙斯的崇拜。运动会每4年举办一次，第一次有记载的赛事举办于公元前776年，这便是后来我们熟知的古代奥运会。

奥林匹克的发展，历经了漫长的历史，到今天，奥林匹克精神已贯穿在我们的日常生活之中。不知不觉，运动已成为我们生活的一部分，它让生命的状态发生美好的变化——身体更自在，生活更文明，精神更自由。

运动带来激情，让身体更自在。奥运精神不仅褒奖顶尖人群在竞技场上的成绩，更是通过竞技运动的成绩，唤起更多人自我锻炼、自我参与的意识，从而拥有美好健康的体魄。

运动促进大脑产生一种名为内啡肽的物质，内啡肽的激发，使人的身心处于轻松愉悦的状态。内啡肽因此被称为快乐激素或年轻激素，它让人感到欢愉和满足，可以帮助人排遣压力和不快。有了运动的快乐，也有了美好健康的体魄，延长了生命的长度。

运动带来美好，让生活更文明。汗水飞舞中，身体的潜能被发挥出来，肌肉力量与技巧之美，让我们激情澎湃，也让我们感受生命的美好。同时，这样持久的运动生活也培养了人内敛、坚韧、分享等美好品德，由此拓宽了生命的宽度。

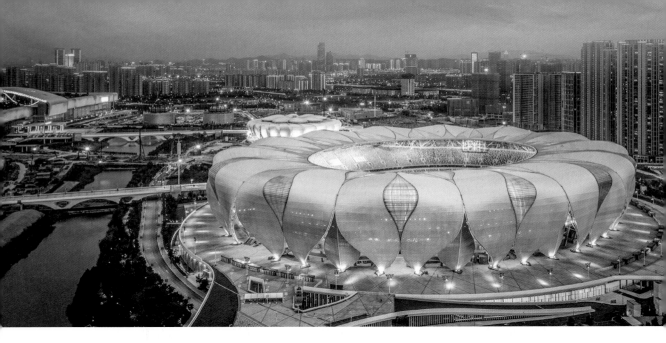

杭州奥体中心

　　运动带来力量，让精神更自由。"奥林匹克主义是将身、心和精神方面的各种品质均衡地结合起来，并使之得到提高的一种人生哲学。"体育运动与文化和教育融为一体，使人们身体与心灵、精神与品质得到完美的结合，它是迄今为止人类最优良、最完善的生活哲学。它让人拥有乐观、积极、自信、激情的生活态度，是我们拥有自信和战胜一切挑战的强大动力。

　　大型的体育赛事，可能几年才举办一次，但运动带给人的美好体验，带给人的接受全新挑战的勇气，带给人的自信洋溢的生命激情，构成了每个人对美好生活的热爱与追求。

左上：沈阳全运村　　右上：天津全运村
左下：济南全运村　　右下：西安全运村

责任与担当：绿城全力以赴的运动理想

　　绿城的创始人宋卫平先生曾说过这样一句话："绿城的企业精神，要与运动精神无限趋近。"

　　20多年前，绿城足球俱乐部诞生，一家房地产公司从此与足球以及运动紧紧拥抱，这个企业的灵魂和血液里注入了运动的精神、奥林匹克的精神。20多年来，绿城对运动投入了大量的财力、物力和人力，同样，运动的基因也深深融入了绿城的血液中，成为企业精神不可或缺的一部分。绿城的使命，就是创造美好生活。运动也是美好生活的一部分，同时，运动也是抵达美好生活的途径之一。

　　绿城对于运动的理想与执着，成为绿城参与体育事业、共同创造城市之美的动力之源。绿城带着它的运动信念，铸造了自己的"运动产品"，在中国多个城市打造全运村项目。全运村模式，也成为可复制的产品IP，让运动真正融入一座城市的脉络之中。

钱塘江
Qiantang River

杭州奥体中心
Hangzhou Olympic Sports Center

桂冠东方城
Laurel Oriental

杭州桂冠东方城俯瞰效果图

　　济南、沈阳、天津、西安，因为绿城人的信念，运动的基因在这些城市的人文历史上形成重要的印记。通过绿城人的营造，这些城市的全运村都承载了城市升级的理想和雄心。绿城也成为这些城市全运村的指定承运者，已交付使用的项目成为引领城市绿色健康生活方式的发展样板。绿城也被媒体誉为"全运村营造专家"。

　　而杭州的亚运村项目，将与钱江两岸一起，共同建构起强大的城市能级，成为杭州这座城市的世界级封面。

　　事实上，绿城每进入一座城市，每营造一个项目，都对那座城市、那片土地怀

抱巨大的尊重。尊重每一座城市，尊重每一片土地，尊重每一个客户，这种尊重必将付出巨大的成本与心力。但同时，这种尊重又赢来大家对绿城的尊重：行业的尊重、城市的尊重和消费者的认可。

这就是绿城的高度，这也是绿城自我挑战的精神，绿城创造历史、舍我其谁的勇气与担当。

2年多前，绿城欲拿下杭州亚运村项目时，就诠释了这种勇气与担当——竞标时运去一吨重标书和精致沙盘的正是绿城，这种全情投入的状态足以让人激情澎湃。

桂冠东方城，众望所归。绿城作为生于杭州、深耕杭州的优质房产品开发商及理想生活综合服务供应商，凭借多年积累的建筑营造和赛事服务经验，邀请国际、国内设计巨匠如SOM、gad等进行设计，数易其稿，最终以评委高度认可的设计方案，成功获得亚运村（运动员村1号地块）的开发建设权及媒体村的代建权。

绿城将在亚运村、桂冠东方城项目上，向世界呈现出一部怎样的作品呢？核心是，它是具有深厚文脉的建筑作品，要给杭州这座城市留下新的历史，给人类带来新的文明印记；它将代表人居的舒适度，生活的自由度，充分的享受和高度的尊重。

杭州是绿城的发源地，绿城对这座城市拥有浓厚的情感。27年的成长与探索，它把城市的文明元素加以梳理，融入不断更迭与焕新的"美丽建筑"，让城市的生活之美渗入千家万户。当杭州与亚运会相会，绿城中国必将成为大美杭州的建设者。

在桂冠东方城，人们将可以看到绿城在杭州这座城市的理想主义实践。

杭州桂冠东方城效果图

情怀与价值：颁给生活的桂冠

在中国的房地产圈，有一个"绿城现象"，或曰"绿城传奇"。因为在消费者端，绿城拥有着大量"绿粉"，很多人都以拥有一套绿城的房子为荣；在开发商端，房产界甚至因绿城提前进入品质时代。绿城就是一个IP，而铸造出绿城这个IP和"绿城现象"的，不外乎产品与服务。

桂冠东方城作为国家工程，打造的是一部具有赛时提供服务、赛后回归生活的双重使命及筑造标准，以赛后居住为终极标准的作品。它不仅展现着绿城实力，更代表着未来生活的探索方向。绿城将"健康、活力、运动"更好地融入生活服务体系，拉近邻里距离，营造和谐美好生活。

桂冠东方城的产品营造，以国际为前提，以东方为内涵，以健康为标准，以智慧为特色。注重国际理念与东方生活方式的平衡和融合，将中式建筑符号以现代审美和表现技法进行创新，打造现代东方建筑风格；精研东方家庭生活方式，构建东方家庭生活情境；倡导东方文化自信，从细节展现东方生活的自在与舒适。通过多

杭州桂冠东方城效果图

元运动设施，倡导运动健康生活；通过景观设计，营造健康生态系统，愉悦身心；通过节能、环保建筑型材，倡导绿色生活；通过舒适生活系统，提升生活品质。从安防、出行、居家、生活服务、园区管理等智能触点，构建全生命周期的智慧社区。在桂冠东方城，国际、东方、健康、智能汇聚于此，冠领一个时代的美好未来。

2022年杭州亚运会，这是中国梦想、杭州梦想、绿城梦想，也是生活的梦想！绿城与运动渊源颇深，体育精神早已融入绿城品牌精神，健康、活力、运动的生活理念也融入生活服务体系和产品营造中。如今，全民健身计划上升为国家战略，运动健康生活广受推崇。这也成为桂冠东方城生活服务的核心——融合亚运精神，打造身心自在、生活文明、精神自由的全新生活方式。从"以人为本"的服务原点，桂冠东方城精研客户需求，作为园区服务体系打造的基础，融入13年绿城服务的经验并创新，形成"自由、文明、活力、友好"的生活主张。

倡导自由，以"悦居、智能、乐活、睦邻、优享、活力"作为生活服务六个维度，打造"生活魔方"服务体系，创变更多生活方式。

倡导文明，积极探索更文明的生活方式，让家人参与到彼此守护和爱心公益当中来，创建一个充满关爱、自我生长的社区。

倡导活力，充分利用园区公共空间，打造全龄共享空间，为家人构建多元生活。

倡导友好，希望家人之间守望相助，共建美好。

桂冠东方城发起了"桂冠达人"社群生活，汇聚"美好之光"，传播桂冠东方城的生活主张；以家人服务家人，每个人都是桂冠东方城的"生活合伙人"；根据家人兴趣，组建缤纷社群，发掘生活中更多的美好，打造隽永的关系范式。秉持营造美好的信念，每位家人在此应都能体悟生活的温度与归属感。

"桂冠达人"是我们身边的这些人——在63岁时选择了与运动为友，中国最年长的世界马拉松大满贯六星跑者，先后获得复旦大学EMBA硕士学位与香港城市大学博士学位的老业主陈燮中；在绿城园区里出生、成长，热爱跳舞、画画，也热衷参与各类园区公益活动，坚定自我、不失天真的少女雅心；跟随绿城实施了12年的"海豚计划"，泳抱湛蓝，镌刻下运动精神意志的无数"小海豚"……

从造房子到造生活，绿城以人为核心，寻回对美好的共识，让更多人看到根植于绿城园区之中的人文情怀，以及基于人文情怀的生活方式引领。此刻，更多的人加入"桂冠达人"社群，园区因他们而充满生机活力，生活因他们而散发温暖馨香。

绿城的产品自开始就带上了理想主义的标记。

因为绿城对于理想生活的极致追求从未停歇。

亚运村，将成为世界目光凝聚的焦点，桂冠东方城也会铭记杭州的高光时刻。杭州这座城市，将更加深刻地带上绿城人对于美好生活的理想与信念、热爱与追求。

桂冠东方城，颁给生活的桂冠，将为所有充满激情、热爱生活的人加冕。

张微　绿城桂冠东方城（运动员村1号地块）总设计师，
gad 设计集团合伙人、设计总监

营造者说

与城市伟大梦想共振和鸣

Resonate with the Great Dream of the City

HOME：《HOME绿城》　张：张微

自1997年创立以来，gad以精致的设计风格和充满人文关怀的设计思想，成为现代中国建筑设计
的品牌企业。

HOME：亚运会，是毋庸置疑的国际盛会。而亚运村则是承载一座城市国际形象的核心窗口，作为中国第三个举办亚运会的城市，杭州借鉴北京、广州建设亚运村的经验，从一开始就提出极高要求，不仅要完满完成赛事服务，还要在赛事之后，成为城市高端住区和发展引擎。从设计这一维度来看，绿城何以有幸成为杭州亚运村的主导建设者之一？

张：一项伟大的工程之所以伟大，显然不仅仅在于工程设计和施工的难度、高度，更在于其之于城市、于时代的精神意义。亚运村的建设也一样，考验的不仅是企业的资金实力、运营能力和服务能力，更是企业精神与城市追求的共情和鸣。绿城作为生于杭州、深耕杭州的优质房产品开发商及理想生活综合服务供应商，早在 20 多年前就开始关注运动，从组建职业足球俱乐部，到实行"海豚计划"，再到济南、沈阳、天津、西安四座全运村的开发，这份荣耀在中国房企中独一无二，可以说，运动精神早已融入了绿城的骨血。从经验、品质角度而言，绿城无疑是非常适合挑起这份重担的企业。而凭借多年积累的建筑营造和赛事服务经验，在绿城创始人宋卫平先生的高度关注下，此次邀请了国际、国内一流的设计团队，如 SOM，进行规划设计，数易其稿，最终以评委一致高度认可的设计方案，成功获得绿城桂冠东方城（运动员村 1 号地块）的开发建设权及媒体村的代建权。

HOME：营造杭州亚运村的时代背景及意义，与当年营造北京、广州亚运村的既有经验并不相同，杭州亚运村濒临钱塘江，紧贴钱江世纪城，对望江河汇，比邻奥体，是杭州"拥江发展"战略的重心，其重要性不言而喻。此次也是绿城首次营造超大型未来社区，在设计与规划中，有哪些关键价值点？

张：首先，未来社区已作为浙江省重要发展战略写入政府工作报告，浙江省公布的首批 24 个未来社区试点创建项目建议名单中，亚运村名列其中。该项目是绿城首次探索未来社区营造，也是绿城首个超大型未来生活样本。因此，绿城邀请了国际、国内顶级的设计团队参与营造。其次，亚运村择址钱塘江南岸，整体规划上尊重地貌、依水

杭州桂冠东方城意向图

而建，与自然和谐共生，是引领"钱塘江时代"杭州未来的品质人居范本，所有规划设计皆从未来居住生活的视角和感受出发，规划更优越，设计更完善，旨在营造高品质生活。同时，绿城亚运村注重建筑群与城市关系的和谐统一，整体建筑群以"点板结合"的形式围合而成，小高层、高层及超高层的错落搭配，构建成波浪般流动的城市天际线，宛若一副巨大的"城市笑脸"，高低起伏的天际线又代表杭州山水的意向表达，致敬杭州城市文化。

HOME：在业内，绿城被誉为"中国高端物业营造专家"，经典作品层出不穷，从杭州桃花源、杭州蘭园，到杭州元福里、杭州西溪雲庐、杭州凤起潮鸣，再到如今的杭州亚运村，绿城桂冠东方城传承了哪些特质，又在哪些方面做出了精进呢？

张：在建筑设计上，绿城桂冠东方城（运动员村 1 号地块）主要参考了绿城两大经典作品——杭州蘭园和杭州凤起潮鸣的建筑立面风格，重视材质和建筑细节的把握，打造现代、精致的色泽和质感。在绿城擅长的现代都市极简风格的基础上，加入具有东方审美的元素，更具未来感和艺术性，架空层、游步道结合局部坡屋顶设计，采用现代材质、技法，表达出一种现代东方韵味。在园区组团大堂、入户门厅等公共空间，同样植入东方元素，通过现代技法致敬东方文化。景观设计中，继承和保留了杭州的江南文脉沉淀，提取杭派园林造园精髓，通过现代表现技法，打造出独具特色的现代园林，表达杭州城市意向美学。

HOME：建设亚运村，不仅是荣耀，更是与杭州世界大都会梦想的时代共振，它关乎这场盛会的成色，更关乎这座城市的未来发展。在具体的设计与营造过程中，绿城通过哪些细节来呈现未来生活方式的品质之感？

张：户型采取了多场景互动的情感设计，户型面积设计为 100～220 平方米，可满足全龄段、全家庭模式的生活需要。同时，改变了传统"产品物理设计"思路，从家庭"情感设计"角度，去探索生活的更多可能性。所有户型均采用多飘窗设计，充分优化室内空间，提高空间利用率，提升居住舒适感，也与窗外的城市景观、园区景观、亚运林等城市自然生态形成互动，满足全家的生活乐趣。

HOME：在决定杭州亚运村建设花落谁家的竞标过程中，全国十多家顶尖房企提交了设计标书，角逐水平之高，堪称"华山论剑"。我们想知道，在不辞辛苦规划设计的背后，还有哪些不为人知的故事呢？

张：亚运村选址钱江世纪城，在杭州"拥江发展"战略中，钱江新城和钱江世纪城定位为两大城市中心，两岸相互呼应。亚运村将成为杭州"拥江发展"的战略连接点。因此，在方案设计初期，考虑到与水的关系，方案设计定位为"运河之城"。不过，在投标阶段，宋总对"运河之城"的方案并不满意，他认为亚运村的建设不仅代表绿城，更应该超越普通房产项目，要以中国、杭州作为方案的立足点，亚运村要"代表杭州水平、中国水平，也代表世界水平"。而"水"的概念不适合纯高层的社区，所以重做了方案。

如今，一座城市的独特韵味和别样精彩正在钱塘江边绽放，而亚运村也将用美好的模样迎接四海宾朋，并在未来，为城市发展赋能。

（本单元内容原载于《HOME 绿城》第 167 期，2021 年。有修改）

杭州桂冠东方城意向图

Part 02

桂语朝阳

楚地『朝阳』初升

The

Morning Sun Rises

in Chu Area

绿城华生·武汉桂语朝阳
地理位置：湖北省武汉市硚口区园博大道与古田一路交汇口
占地面积：约12.3万平方米
建筑形态：高层、超高层住宅
开工时间：2020年11月16日
交付时间：预计2023年12月
规划与建筑设计：浙江绿创新拓建筑规划设计有限公司（GTD）
景观设计：杭州朗庭景观设计有限公司
室内设计：杭州唯尚空间设计有限公司（A&F Interiors）

The

Morning Sun Rises

in Chu Area

桂语朝阳

楚地『朝阳』初升

所谓美好的生活，
就是你想要的生活它都有，
你想要的时候它都在。

人文·地脉

伫立500年后湖，看"朝阳"初升

The Morning Sun Rises over the 500-year-old Back Lake

湖北大洪山东南麓，有一低缓的山系贴着汉水，一路东去，时隐时现。它从汉阳龟山的禹功矶，潜入长江江底，然后从武昌的黄鹄矶显身，沿蛇山、洪山、珞珈山、喻家山一路向东，再次穿越长江，与大崎山相聚，回归大别山主脉。这条"潜龙"与长江在武汉相交后，形成地理上极为神奇的山水"黄金十字线"。

这个"黄金十字线"的东北起于堤角、岱家山一线，西北延至舵落口，一条23.76千米的土质长龙——张公堤，呈不规则的扇形，护佑着这片土地。这个扇形区域，就是传统意义上的"大汉口"。

汉水改道，年轻的汉口独自生长

汉口的地理变迁，是一部与水长期博弈的连续剧。

其中，极为重要的一次自然变迁过程，就是汉水改道。

"汉阳"这个称谓最早出现于春秋时期。当时，周王朝控制汉水东北及至江淮的大片区域，分封了不少姬姓或姻亲诸侯国，这些诸侯国称为"汉阳诸姬"。

汉代时，因汉水又名"夏水"，故而长江与汉水交汇处称为"江夏"。《尚书·禹贡》记载："嶓冢导漾，东流为汉，又东，为沧浪之水，过三澨，至于大别，南入于江。"

汉水流至汉阳后，并没有一个稳定的入江口。汛期，汪洋一片；枯水期，黄金口以下，小支流涣散。

到明朝成化初年（1465—1470年），汉水下游连年发大水，汉水的南支，在琴断口与郭茨口一带决而东下，逐渐在龟山北面形成一个稳定河道注入长江。

这次汉水改道，定格了武汉三镇的现今格局。汉阳老城被隔绝在了汉水南岸，汉口由此与汉阳完成地域上的分割。一个年轻的汉口，自此独自生长。

当时，中国正处于资本主义萌芽时期，得益于汉水与长江的舟楫之便，巨大的地理优势和运输潜力使得汉口经济蓬勃发展，商贾云涌。明朝末年，汉口镇已成天下四大名镇之一。

而汉口镇以北，汉水的北支也发生了水流和河道变化，大量的泥沙淤积，使汉口镇以北的这片古云梦泽的遗存，被分割成网状的湖泊沼泽。

这片湖沼的风光，与烟波浩渺的八百里洞庭湖相似，文人雅士们将其与明朝开国皇帝朱元璋的诗句"马渡江头苜蓿香，片云片雨渡潇湘"相附会，雅称这片湖沼为"潇湘海"；又因其在汉口城区的"后头"，也通俗地称为"后湖"。

时间的雕琢，地理的变迁。

湖沼之中，莲叶何田田，鱼戏莲叶间。

湖沼之中，逐渐涸出一些高地。高地周边，大片芦荻环绕其间，就成为汉口"后头"的一道"可盐可甜"的风景。

这其中好看的意境是"汉河前贯大江环，后面平湖百里宽。白粉高墙千万垛，人家最好水中看"，一如《诗经》所描绘的，一片蒹葭苍苍，所谓伊人，宛然在那水中央。

筑墩修垸，汉口"后头"有了"凤栖孤岛"

这些墩台，固然是别人眼中的风景。而对于居住其上、耕种自食的人家来说，却被水灾害得生计难保、苦楚不堪。

于是，这些墩台上的居民，开始主动作为，对这样的地形地貌进行人工修改。

第一步，就是工程量较小的筑墩。

据史籍和村民家谱记载，硚口长丰境域的先民大多来自江西，是明朝初年"江西填湖广"的移民。

这其中，有一支韩姓先民，"明永乐二年（1404年），由江西余干县徙居湖北夏口西倪村韩家岗（今汉口长丰街道东风村）"。

没有安全的居所，先民们就在这片广阔的沼泽地找寻了一处高出的土冈，人挑肩扛，挑土筑墩，搭建茅棚，聚族而居，开荒垦殖，渔耕为生，营建他们早期的家园。

第二步，开始更大范围的"筑堤"。

清同治七年（1868年），长丰地区的乡绅韩家盈、罗光富，领头集资修筑堤垸，"自东北禁口起，沿常码头南至韩家墩，再沿襄河边至舵落口，然后绕经张家岗、韩家岗、蔡家庙、竺台寺等而接禁口，成一方形，周长约四十市里"。

这个长丰垸，大体为方形，周长20公里，围合面积26平方公里。

这个面积，相当于硚口辖区面积的一半，总长度则与张公堤相当。

在1905年湖广总督张之洞主持督修张公堤之前，这个长丰垸就是泽国中的一座土城，与远处的汉口城堡互相映衬。因其隶属汉阳县凤栖里，堪称湖中的一个"凤栖孤岛"。

相信今后，会有开发商将这个有厚重历史感的"凤栖里"用作楼盘名称。

60 年，"五代"房屋之蝶变

张公堤修建后，堤身与长丰垸对接，将汉口与东西湖隔开，堤内大片水面进一步涸出，吸引了大量外来人口迁入。

渐渐地，在堤内西北部天然湖塘间的高地上，自然形成了10余座村落(后大部分合并到额头湾和东风村)。

1915年，因筹建川汉铁路，垸内曾在永利村、易家墩之间修建夹堤，夹堤中修筑铁路路基，该垸自此分割为南北两垸。

83岁的涂三生老人，祖籍东西湖柏泉。原本姓涂，后因户籍登记的原因，"涂"写成了"涂"。

据他与四弟涂正华、五弟涂正勇共同回忆，他们的祖辈，曾在金银湖下方的东方马城附近，用人工挑土的方式，垫高湖中的土墩，形成一个涂家墩。其后，有一回反抗湖匪打劫，涂家人小胜一场，却又担心湖匪报复，于是迁往竺台寺。

在长丰地区，竺台寺是一个比较特殊的地名。

明代的汉阳儒学教谕赵弼的《竺台寺》中写道："竺台古寺荻林间，夏老曾来拜伯颜。他日死归泉壤下，不知何面见文山。"这是竺台寺见之于史籍的最早记载。

长丰一带，流传着一个神话故事：相传一到涨水季节，竺台寺周围的土地能够随水上涨，从不淹水。寺前种有两棵大树，形似牛角，曾被人砍伐，树干血流不止，时人奇之异之，"牛头地"因此得名。这是人们对于无水患生活的向往。

涂三生的父亲1950年去世，寡母带着80岁的瞎眼婆婆，靠着撮点小鱼小虾，拔些茭白、藜蒿等野菜，将五子四女拉扯大。直到1958年开始建立人民公社，生

东风村、长丰村居民生活

活才慢慢有了改善。

涂三生五兄弟，经历了这一带房屋的五代更迭变化。

起初，他们住长丰北垸（张公堤和汉丹铁路之间，主要包括东风村、八大队和建荣村一带），房子是搭建的窝棚。当时长丰这一带没什么大树。稍微高直一点的树，就被人们砍下来搭建茅草屋了。以至于仅留存的姑嫂树成为湖区的一个地标，并演变成一个地名。

后来，他家的经济条件有所改善，就购买了些湖南的杉木料，搭建五架梁式的茅屋：两侧的墙，各以五根木柱为支撑，用稻草将高粱秸绞成一排，绑在木柱上做成墙面，然后糊上一层泥。将茅草绞成片，挂在屋梁上，就是屋顶。

周围的居民，住的大多也是这样的茅草棚；只有少量人家建有鼓皮房（木板房），以及土砖、木料搭建的瓦房。

到了20世纪60年代，屋顶开始换用竹席、油毛毡。根据新农村规划，他们家陆续从长丰北垸搬到汉丹铁路以南的长丰大道沿线，在道路两侧建起砖木结构的红瓦平房。

从1979年到1982年，涂家五兄弟开始各自建起三间三层的楼房。

2014年，长丰村开始拆迁。涂三生于2017年就地还建，入住长丰城一套120多

老工厂

平方米的三居室。他笑着说："如今住进高楼大厦，老乡亲就在楼上楼下。大家一起回忆往事，对现在的居住条件都很满意。"

"武字头"，传统工业退圈让地

新中国成立初期，武汉市曾编制过三个城市规划，其中，对于硚口长丰片区的定位是一个渐进的、逐渐细化的过程。如今读来很有意思——

1953年，武汉市编制《武汉市城市规划草图》，将水厂至罗家墩一带和易家墩、舵落口至长丰北垸一带规划为工业区，王家墩机场（今武汉中央商务区）的东边、南边以及解放大道与外迁铁路之间和机场以西至易家墩一带规划为居住区。

1956年制定的《武汉市城市建设十二年规划方案(1956—1967年)》中，汉口西行铁路线由长丰北垸新墩站出线，易家墩工业区从汉口西站出线，肖家地为汉水货运港和内河水陆联运仓库区。

1959年制定的《武汉市城市建设规划（修正草案）》中，开始关注环境保护：韩家墩（包括肖家地）工业区因位于居住区上风地带，不得设置有害气体及烟尘多的工厂。

由此，长丰垸一带开始布局一批"武字头"工厂。

其中，1958年始建的武汉制氨厂，就坐落在东风村旁，是全国13个合成氨示范厂之一，也是湖北最早的氮肥厂。

武汉历史人文研究者韩少斌，1986年进入武汉制氨厂当电工。

据他回忆，当时厂里的主供电线路，是由新墩变电站经过长丰村、东风村到厂区的。起初，沿途并没有多少建筑，电缆在地下1米左右敷设。随着东风村不断发展，住房、厂房等建筑沿着长丰大道如雨后春笋般涌现，曾给当时附近的武汉制氨厂造成困扰。厂里的主供电缆不断受到侵扰，造成全厂停产、较大损失的事故多达十余次，以至于厂里不得不派人沿途巡查，发现电缆附近有施工情形，就派专人守候提醒。

绿城华生·武汉桂语朝阳效果图

"这几年，'武字头'工厂外迁，退圈让地。再加上城中村改造、村民和村办企业搬迁，这片土地的属性由农耕、工业区，过渡到高质量的人居用地，"韩少斌说，"这些过去的事，见证了武汉城市的发展，见证了这个城市人居生活环境的大变化。"

高颜值，撑起黄金级城市地脉

张公堤内侧的三环线北段，与长丰大道、地铁7号线共同围合出一个更为小巧的"黄金三角区"，其地域范围大体就是长丰北垸。

长丰北垸的东侧，是武汉的一张城市生态名片——武汉园博园。

园中，有一座生态织补桥，将原本被三环线分割的园博园南北两区连接起来，北连荆山，南接楚水湖，形成"山水连枝"的自然景观，也为鸟类等小动物在南北园区间往返栖息搭建了一条生物廊道。

同时，园博园北接金银湖，上连府河绿楔，与蜿蜒20余千米的张公堤绿道系统共同构成一组十字交叉的生态轴线。

它的西边，建有竹叶海公园，因湖中盛产一种状如竹叶的野生水草而得名。

南面稍远处，就是汉江。汉江湾畔，汉水涤荡，旧物逝去，百姓的生活新画卷徐徐舒展。

这样的黄金级城市地脉，使长丰北垸带着园博园新城的头冠，有着别致的内涵。

绿城华生·武汉桂语朝阳，选定这个"黄金三角区"的天元之处，悄然落子。

来自杭州的绿城，擅长用房子阐述诗意。

造房子，就是造生活。绿城源于南方，有天然的温婉灵秀，却很懂武汉的大气磅礴。桂语朝阳有完美的"形式美"和可感的"内在美"，处处透着一种精致的大气。

建筑外立面是经典的珍珠蓝，总体风格有江南的温婉含蓄，又有武汉的潇洒俊朗。外观大气偶傥，内里古朴典雅。

不辜负每一寸土地的价值，这是绿城对土地的一份尊重。

地铁上盖公园，绿城在杭州的杨柳郡打造了一个"年轻、活力、复合"的Young City住区。绿城华生·武汉桂语朝阳也将楼盘北面的地铁预留用地打造成生态、野趣的活力公园，一种健康的生活方式呼之欲出。

与武汉对话，绿城学会了沉静。这一片曾经潜于湖底的土地，在注视着人们如何更合适地开发它、用好它。

平畴交远风，良苗亦怀新。武汉很大，容得下更多的人、更多的梦想。

建筑解析

晴川历历见朝阳，芳草萋萋闻桂语

The Sun Rises over the Sunlit River,
the Osmanthus Blossoms by the Grass

有人说，武汉这座城市，充满着旺盛的活力。这种活力，从一句武汉话"搞么斯"中散发，也从一碗热气腾腾的热干面中透露。

住自己喜欢的房子，过自己想过的日子，这是一种珍贵的生命体验，同时，这也是一座城市给予理想生活家们的爱和活力。

绿城华生·武汉桂语朝阳效果图

江南之"桂" 沁润江城

如若细细探究世界上每一座伟大城市的建设史，你或许会发现，其本质都是一部城市更新史，而在不断的更新与发展之中，更诞生了一批又一批具有划时代意义的经典作品。

比如东京的六本木新城，作为日本都市再开发计划中历时最长的项目，如今已成为亚洲目前最为成功的旧城改造典范。

六本木以打造"城市中的城市"为目标，并以展现其艺术、景观、生活独特的一面为发展重点，将大体量的高层建筑与宽阔的人行道、大量的露天空间交织在一起。建筑间与屋顶上大面积的园林景观，在拥挤的东京成为举足轻重的绿化空间。

再比如著名的东京中城，作为日本近年来规模最大的都市再开发实践项目，最终华丽转身为集办公、居住、文化及商业等多元化功能于一体的城市副都心。

而对于中部崛起的战略支点大背景之下的武汉而言，从"汉阳造"，到"武汉造"，再到今天的"武汉智造"，这座城市促进了整个中国中部地区的经济与文化的蓬勃发展，更汇聚了高质量发展的澎湃动力。

与此同时，城市版图加速裂变，城市更新方兴未艾，因此，原有的城市认知需紧跟时代节奏的变化，重新建构土地之上的价值坐标——

在许多"老汉口"的记忆里，硚口虽是武汉这座城市的起源之地，但因为城市规划与地理、气候原因，20世纪七八十年代，这里依然遍是农田、滩涂与芦苇荡。而如今，硚口板块正在发生宽广与深刻的蝶变：伴随着城市更新，硚口区着力建设"四区一带"，即汉正街商贸旅游区、宝丰商务区、汉西中央采购区、古田生态新区和汉江生态商务带。此外，规划中的硚口科创产业基地，沿长丰大道，以"互联网+"为核心，以生态办公为理念，以大数据、科技研发为核心，聚集汇丰企业总部、电子商务示范区基地……

回望硚口板块近些年的进阶历程，堪称武汉这座城市更新的斑斓撷影。立足新的坐标，对照新的愿景，一个宜居、宜业、宜游的美丽新硚口正款款而来。

生活的硚口，国际的硚口，未来的硚口，正处于扶摇腾飞的"风口期"，蓄势待发。而伴随着"理想生活居住区"的定位，种种利好的兑现，日新月异的城市变化，一个区域特有的繁华集群也正在形成。

因此，绿城以前瞻性的视角将生活方式和艺术审美定制于建筑形态，为武汉，为硚口带来了绿城华生·武汉桂语朝阳——从杭州到全国，桂语系作品正如它的名字一般，将美好生活的馨香吹至大江南北。

绿城华生·武汉桂语朝阳效果图

作为绿城众多产品谱系中的标杆之一，桂语系作品最为人称道的特点，便是品质为内、颜值为外。作为Young系列风格之一，桂语系产品结合三段式立面和横向水平感，充分体现绿城对精致审美的追求，集合中西审美及设计，凸显建筑风格的端庄典雅，旨在为每一位业主家人带来生活的"朝阳"。

建筑之"语"　引领审美

独特的建筑形态，从来都是城市更新的显著特征。

极具形象感、昭示感的标志性建筑，往往会成为激发区域活力的关键符号，也是再造城市节点、驱动城市更新的重要力量。

正如建筑大师藤本壮介所说："我认为未来的建筑也应像森林一般给人一种朴素而又自然的感觉。我想象中的'未来建筑'应在与人类共存的基础上拥有一定的舒适性。这个建筑有着包罗万象的能力，让人们一个人在这个建筑内生活都能怡然自得，没有孤独感。"

桂语朝阳总计K3、K4、K5三个地块，总建筑面积约60万平方米，规划打造20幢高层及超高层住宅。其中，K3地块总占地面积约6.9万平方米，计容建筑面积约24.5万平方米，总户数1961户，总车位数2440个，车位配比为1∶1.24，地块规划有一幢小高层、七幢超高层住宅，共计八幢楼。

在整体风格上，桂语朝阳以现代轻盈的质感，打造建筑形式的纯净飘逸，使整个空间更显通透、敞阔。以现代简约的设计手法，经典的高级灰与珍珠蓝材质，打造安定恒久的时代住品。三段式美学立面，横向水平舒展的建筑线条，将建筑体块水平舒展，勾勒出轻盈的体态，体现精致典雅的建筑之美。

不同于武汉以往传统住宅产品暖色、厚重的建筑风格，桂语朝阳的经典曲线与艺术弧度，营造出优雅的肌理与高贵的质感，形成了具有当代高阶品质观感的建筑气质与场所精神，引领城市未来生活的审美趋向。

事实上，当大面积、清透的玻璃在立面上扩张，这恰恰溶解了笨重的体量感，也为桂语朝阳创造出"穿透、流动"的梦境空间——室内被柔和的自然光所包围，波光与树影全然溶解到建筑中，也从建筑领域隐喻了轻盈、极简的现代审美主张，向居者透露着生活本真的自然和纯粹。

当然，城市更新，也须以原生土地的气质为基础——

汉口起源，始于硚口。桂语朝阳以"起"和"生"为规划理念，串联整个园区的故事脉络，竭力塑造"城市更新，朝阳而生"的生活态度，结合朝阳运动中心及生态绿带，贯彻"科技""生态""活力""共享"理念，打造清新自然、休闲便利的社区生态。

自然开放的绿意长廊，拥有约320米的绿色廊带，串联起运动空间、休闲广场、生态氧吧，营造静谧休息场地。

儿童运动空间的设计，以"寻光之旅"为主题，为小业主提供快乐成长空间，体现了人性化的关怀。

北侧是重点打造的1.38万平方米的朝阳运动中心，设置了约400米的环形健康跑道，以及羽毛球场、小型足球场、健身设备等，为业主家人提供沉浸式的专属绿色健身公园。

从结构与形态上，住宅建筑与地铁公园既相互围合，连接内向安定的场域氛围，又向外打开，构建通透的社区呼吸感。它张开双臂，欢迎整个硚口的居者进入，又制造出一些独立的灰空间，让人收获意外的乐趣。

生活"朝阳"　城市向上

在新时代背景下，美好生活成为人们共同奋斗的理想。对于越来越国际化的武汉来说，理想中的美好生活是什么？

著名作家、出版人凯文·凯利曾预测未来生活"进化"的三大特征：去中心化、复杂性和生命体集群。而事实上，以桂语朝阳为代表的美好生活方式，正是未来生活"进化"趋势的重要表现：浓郁的国际化色彩，是去中心化的典型运用；全景式的生活体验，诠释着进化的复杂性；可持续的生态链，代表着生命体集群。

沿循城市的记忆，我们找到了答案：美好生活，就是你想要的生活它都有，你想要的时候它都在。它应该充满国际色彩和时代气息，应该拥有全景化的生活体验，应该是一种可持续的生态链。

当然，这也是武汉这座城市应当具备的当代面貌。

以"城市知音"身份共鸣城市理想，以"城市能力"去创造种种美好，这正是绿城人文理想主义与武汉城市精神的高度统一。

2020年，硚口板块的焕新升级，以配套先行的开发模式，推进公园、社区、学校、商业等生活配套落地，打造生态居住区。在社区的营造中，桂语朝阳融入了全新绿城生活服务2.0体系——绿城5G"心"服务，如G-LINK、G-SPACE、G-CLUB等，融合长者服务、活力健身、童趣天地、中心泳池、阳光草坪等园区配套服务及设施，不仅助力城市界面焕新，更全面提升生活服务的价值，为武汉人居开启绿城式的美学新风。

对于室内主题架空层的营造，绿城摒弃了传统社区的单一功能，潜心定制交流活动场所，如红叶主题馆、奇妙主题馆、u-young主题馆等，不仅孕育着"活力社交"的能量，更满足居者的个性邻里需求。因此，这里不仅仅是社交的载体，更是服务路径的延伸，它将公众引入社交与生活融洽相处的氛围。

绿城华生·武汉桂语朝阳效果图

　　每一处公共空间，都是享受时光、探索城市生活的激活口。在这里，可静心冥想，可对弈自然，还可与友人在社区客厅里愉悦交流。人们流连于此，脸上洋溢着亲切和友善的笑容，他们或许互不相识，但彼此注目的视线却仿佛熟识已久。

　　与此同时，以地铁、轻轨为核心的轨道交通，往往被誉为一座城市的"黄金链"，围绕着"黄金链"进行的以公共交通为导向的开发(transit-oriented development，TOD)，成为当代城市更新的主要方式。无论是纽约的曼哈顿中城、伦敦的圣潘可拉斯、巴黎的拉德芳斯，还是东京中城，城市轨道交通的中枢区域，在城市资源的分配中，往往占尽先机。正如拉德芳斯一样，"随处可见的抽象雕塑、住宅、展厅、商场，甚至小孩玩耍的旋转木马，在这里基本可以找到生活上所必需的东西。而各种设施之间，也由步行的中心广场相连接，相互之间距离仅有一二百米，想要获得，非常容易"。

而这种闲适、丰盛、怡然的生活环境，也正在桂语朝阳生动展现：轻轨1号线、3号线、7号线纵横交错。而在2019年，武汉地铁第四轮规划被国家发改委批复后，近期该规划已启动调整，这一次调整包括正在推进的第五轮规划——23号线（31号线），正好辐射桂语朝阳所在板块，城市精华之地几乎被一脉相牵。

不仅如此，桂语朝阳以园博大道为横向坐标，串联起公园、教育、商业等高阶资源，毗邻214公顷的园博园、约106万平方米的张毕湖和竹叶海公园（在建中），外揽宜家荟聚、凯德广场、万达广场、金银潭永旺、武广商圈，城市地标综合体四面环伺，潮领繁华生活，孕育出全新城市中心的巨大潜能。

章慕恳 绿城华生·武汉桂语朝阳（K3地块）总设计师，
GTD设计总监

营造者说

始于颜值，终于品质

Start with Appearance and End with Quality

HOME：《HOME绿城》   章：章慕恳

作为绿城中国控股的唯一建筑规划设计公司，GTD创建于2017年，传承绿城"取法极致，得乎其上"的产品基因，汲取绿城20余年产品经验，致力于打造卓越的建筑品质和以人为本的居住环境，研究产品更新换代、产品创新及可持续性。

HOME：在很多武汉人眼中，硚口板块正处于扶摇腾飞的"风口期"。要营造一方匹配现代审美的社区，为武汉市民呈现生活的无限可能，并且在未来，驱动板块内区域品质、商业势能的全面焕新与升级，都要求营造者在规划与设计中，必须以更高阶的城市维度、更宏大的时代视角来审视土地与作品的价值，请用几个关键词来概括武汉桂语朝阳的重要价值点。

章：一是"以人为本"，在设计与规划过程中，桂语朝阳秉承了绿城一贯以来"以人为本"的理念，以未来的生活场景来设置空间，希望通过宜人、多样化的空间的营造，让家人们能够享受生活的万般美好。二是"品质感"，桂语朝阳项目融合地铁公园、市政公园、幼儿园、市政绿化带以及商业配套，串联起公园、教育、商业等高阶资源，致力于打造品质生活新中心，推动板块价值升级。三是"仪式感"，项目依靠整体营造来呈现一种生活的仪式感。具体来说，比如出入口的营造，在空间与造型上凸显优雅秩序与尊崇气质，精致打造入口绿化组团，设置了入口廊架和景观，北出入口还设置了人性化无障碍通道，方便业主顺利进出园区，这都为生活营造了一份归家的期待与美好。

　　事实上，只有尽可能准确地把握居者的感受，全面满足居者的居住需求，甚至富有前瞻性地预见居住风尚的方向，住宅产品才能具有持久的生命力，桂语朝阳在这方面做了很多尝试和努力。

HOME：很多人知道，绿城的项目，大至园林中每种植物的选择，小至不起眼的五金件，在绿城的"工匠辞典"中，均能找到严格的要求与标准，在桂语朝阳项目中，有哪些设计与细节呈现这种品质感，能否举几个例子？

章：在景观品质上，桂语朝阳项目规划了横向、纵向两条景观主轴，创造了丰富的景观细节与视觉体验，并根据四季变换配置植物，形成四季有花、四季常绿、全年有景的景观特质。春嗅花开、夏看花茂、秋观果实、冬赏绿意，业主家人可以在园区内惬意地感受大自然的季节变化。

从运动健康的维度出发，桂语朝阳项目设置了不同的健身运动场地，如北面约 1.38 万平方米的朝阳运动中心，包括跑道、乒乓球桌、羽毛球场、小型足球场，园区的健身主题馆以及户外的运动场地，营造了充满活力的园区空间。

HOME：除了朝阳运动中心为业主提供沉浸式的专属绿色健身空间，我们注意到武汉桂语朝阳还有一个绿城高品质项目的标配——无边水溢泳池，您能否简单介绍下？

章：是的，项目还用心营造了一个无边水溢泳池，一方面为所有业主的孩子提供免费的"海豚计划"游泳培训课程；另一方面，泳池作为水系景观元素，也是园区中核心而独特的存在，为业主们提供了一个安心舒享的运动与社交空间。而其区别于普通泳池的最重要的一点，就是镜面泳池没有粗笨的边框，池面湛蓝平整如镜，完美融入景色，这看似简单，却藏着异常考究和繁复的施工工艺。

HOME：有"绿粉"说，桂语系作品扎根硚口板块，将为大汉口人居开启一股美学新风，请问您是怎样理解绿城式的建筑与生活美学？

章：不同于武汉以往传统住宅产品暖色、厚重的外观，桂语朝阳以高品质、现代感、舒适、简约为特点，更注重简洁明快的设计感，让居者在自然与室内的交界带感受生活的惬意，享受精益求精的细节，向居者透露一种生活本真的自然和纯粹。同时，在社区的营造中，桂语朝阳融入了绿城 5G "心"服务体系，将全面提升生活服务的价值，满足人们对未来城市、未来式生活的种种憧憬。

（本单元内容原载于《HOME 绿城》第 164 期，2020 年。有修改）

Part 03

西溪雲庐

在云与梦之间

Between

the Cloud and

Dream

绿城·杭州西溪雲庐

地理位置：浙江省杭州市天目山路389号

占地面积：约8.3万平方米

建筑形态：现代叠墅、中式合院

开工时间：2017年9月30日

交付时间：2020年11月

规划与建筑设计：杭州九米建筑设计有限公司

景观设计：杭州绿城风景园林设计有限公司

室内设计：HWCD建筑师事务所（现代叠墅）

在云与梦之间

西溪雲庐

现代隐逸，
早已不是小隐于野，
大隐于市，
而是闭门即深山，工作即修行。

人文·地脉

西溪风雅颂：
寻找失落的优雅

Seeking for the Lost Elegance

一边是马云，一边是星云。

一个是烈火烹油的快生意，一个是优哉游哉的慢生活。

《新周刊》曾如此描绘当今中国人的生活状态，这原本是指一种撕裂挣扎或者说理想的可望而不可即。在这个日新月异的互联网焦虑症时代，我们每天被朋友圈里那些"别人的美好生活"刺激得痛不欲生，忽而想要不眠不休奋斗打拼，活得精彩纷呈，忽而又想人生苦短万事皆休，不如放下我执破除虚妄。

还好，这是在杭州。

静如处子，动如脱兔。隐逸与创造同步，浪漫与务实并行，这才是杭州真正的气质。

钱塘自古繁华，参差十万人家——这是杭州的市井烟火气；未能抛得此城去，一半勾留是此湖——这是杭州的潇洒出尘。两者都好，既能让你保持一颗雄心，又能让你随时放空，这才是一座城市最值得栖居的理由。

杭州是一座布满金子的城市，机会俯拾皆是，密布云中。

比如，西溪谷。

这座坐山傍水的谷地，在入驻高科技企业40家、研发中心30家之后，将成为继南宋皇家辇道、老和山新石器遗址、古镇留下之后又一中国一流的互联网金融产业集聚地。

然而，赚钱是为了什么？当然是为了更好地活着。

而西溪雲庐，是个肉身能住的敞亮地，也是个让灵魂可得片刻自由的栖息地。

在云与梦之间，万物都有缝隙，就是为了让光涌入。且从西溪出发，让我们一起寻找这失落的优雅。

西溪 （潘杰摄）

风·西溪且留下

城之西，有西溪。

一个原生态湿地王国，一处江南水乡微缩景观。芳草萋萋，花木扶疏，葳蕤满地，蒹葭苍苍。公元1129年，宋高宗赵构南渡至杭州，路过美好的西溪，在芦花飞雪的美景中感叹道："西溪且留下。"

公元1138年，南宋几经迁徙最终定都杭州临安，从此此地作为都城长达140余年。虽是偏安江南，皇家气派仍不可少。今天凤凰山东麓即为当年皇城所在，"皆金钉朱户，画栋雕甍，覆以铜瓦，镌镂龙凤飞骧之状，巍峨壮丽，光耀溢目"。环球旅行的马可·波罗亦曾盛赞杭州是"华美之天城"。

"天城"气度至今仍一脉尚存：在凤凰山上的街头巷尾，在万松书院的风声松涛，在江河湖溪的灵动气质，在参差人家的自古繁华，也在世家传承的优雅生活。

千百年后，西溪也在寻找自己的位置：在杭州，西湖是过于喧闹的美，运河更具市井烟火气，钱塘江则过于雄浑壮阔了。西溪湿地，恰好承袭了这座城市隐逸雅致的一面，而西溪谷如火如荼的产业导向以及大师聚集，又为这座城市给出了明天的发展方向以及文脉梳理。在云与梦之间，可能正是西溪的瞬间时空转换。

西溪且留下，留下的并非只是皇帝的一句话，而是那种万物生长的不动声色的力量，是那种不为外界潮流所动的安定，是那种自与流俗不同的优雅。

雅·蒹葭深处有芦花

洪园——八百年钱塘望族

溪之西，有洪园。

一袭钱塘望族世家遗风，一出西溪人文优雅记忆。槿篱茅舍，小桥流水，火柿映波，寿堤逶迤。800多年前的钱塘望族——洪氏家族世居西溪，原为炎帝后裔，仅宋、明两代即出过多位宰相和尚书，以诗礼传家、教子有方、为官清廉而传世。

今天，西溪洪氏宗祠中仍有这般对联："宋朝父子公侯三宰相，明纪祖孙太保五尚书。"

西溪洪门，或可作为世家典范，成为新时代里的望族样本：承继宋代家学传统，历五世藏书刻书而不弃，官宦生涯中亦重气节大义，在政治和文化中建树颇多。南宋时计有洪皓、洪适、洪遵、洪迈父子一品宰相级官四位，明代计有洪钟等一品宰相级官四位、二品尚书级官三位。南宋洪皓善琴奕，识书画，致力于弘扬中原儒家文化；明代尚书洪钟筑书楼，课子弟，成为西溪隐逸文化杰出代表；清代洪昇所著《长生殿》达中国戏曲高峰，在中国戏曲史上无出其右者。

秋雪庵——那一场场刻骨铭心的秋雪

秋雪庵已经843岁了。

843年前，是南宋淳熙元年，公元1174年。

这一年，有人沿着东晋时期文人的足迹来到西溪，发现西溪东北有块地方美得令人流连忘返，于是，就在这里破土建起了一座房，起名大圣庵（后叫资寿院）。

西溪（潘杰摄）

　　1633年，已是明朝末年，资寿院459岁。正值天下改朝换代，干戈喧天，血光四溅。有一部分文人不愿面对这个乱世，就退避到西溪来了。

　　蒹葭深处，一叶小舟在漂行。小舟经过荒芜的资寿院时停了下来，下来两兄弟。他们是本地乡绅沈应潮、沈应科。两人登上断垣四望，只见芦花弥漫，恍若神仙世界，于是决定重整院落。他们建下三间屋子，并于次年春天请来高僧智一禅师主持草庵。

　　这年深秋，大画家陈继儒来游西溪，只见资寿院在水中央，四面芦花吐絮。芦花白雪般纷飞而下的场景，有一种摄人心魄的力量。陈继儒怔在那里，想到的是唐诗里的一句——"秋雪蒙钓船"，所以当智一禅师请他留墨宝时，他欣然写下"秋雪庵"三个字。

秋雪庵从此名声大噪。

1919年，秋雪庵745岁，已老得不成样子的它又幸运地迎来了一个人——周庆云。周庆云是南浔巨商，在杭州生活了21年。他在灵峰补梅，成就了我们今天的灵峰探梅。那年秋天他来到西溪，"棹小舟，缘溪行，一白皑皑，低压蓬背，则词家之胜境，又非画手所能到矣。旁人指点告曰：此间有秋雪庵在焉"。好，缘分终于接上。他花7000多个银圆重建秋雪庵，并在庵内设两浙词人祠堂，供奉历代两浙词人1044人……

这样，民国期间郁达夫才见到了秋雪庵胜景，留下联语："春梦有时来枕畔，夕阳依旧上帘钩。"徐志摩更是在遥远的西伯利亚缅怀秋雪庵的月下芦色，作诗道："我试一试芦笛的新声／在月下的秋雪庵前……"

芦花西溪好。

泊庵——不经意触碰到的诗意

在西溪所有的名词中，每次遇到这个"泊庵"，都让人忍不住要暂停一下。

"泊"，就是停一会。

泊庵是明末清初杭州人邹孝直的庄园，位于秋雪庵之南的芦苇丛中。从高处望去，整片庄园似仙船泊于水上，故名"泊庵"。

庄园叫"庵"，这也是西溪的一大特色。旧时文人书斋多喜用"庵"字，取其清雅、避世的内涵，其实就是文人吟诗作画、以文会友的雅集场所。据说，明末清初时期的西溪，这样规模不大的文人庵竟有100多个。

千百年来，西溪以它的诗意吸引一代代文人走向这里。

近年来，杭州把海峡两岸最出色的文化人引入西溪，徐沛东、余华、麦家、刘恒、朱德庸、赖声川、杨澜、潘公凯、吴山明……他们在西溪的怀里写歌、赋诗、著书、作画，不着颜色却道尽风流。西溪滋养着他们，他们渲染着西溪。

颂·家是西溪一叶舟

家是西溪一叶舟，且行且慢且珍惜。

水，是西溪的灵魂。山，是雲庐的守卫。在悠悠山水间，我们回到最初的地方，找寻生活的本真。

家，是永远的心安。族，是家庭的维系。

上无片瓦，下无立锥之地——无房可居，自古就是中国生存状态困窘典型。

良田美宅，造园、筑山、理水——广厦万间，从来都是中国世俗生活最高境界。

在中国人的心结里，安居方能乐业，有家才有天下，房子乃是日常生活的终极梦想。就连要从世俗生活中退隐，也会像陶渊明那样感叹：归去来兮，田园将芜胡不归?

家是秩序，家是栖居，家是绵延，家是承袭。家的意义非凡，诠释了一代代中国人的世俗追求乃至生活价值。

屋檐下的中国人，蕴含着中国式传统生活的所有秘密。

那么，是否能从西溪开始，让我们拥有一间雲庐，让我们重新打量自己的生活?

那些触手可及的文化，那些呼之欲出的生活，在这里，在西溪雲庐，重新鲜活起来。文化是生活的沉淀和积累，是历史发展的人文产物，而家族文化不离亲缘血脉的代代相传。

"日暮乡关何处是？烟波江上使人愁。"在中国文化传统里，这种"近乡情更怯"的柔弱因其无从化解反而产生了诗意。在剧烈变迁的时代，每个人都是"异乡人"，每个人都有一座"归不得的家园"。而当我们跨越历史而来，我们在雲庐感悟大家风范，感恩万物苍生的祥和，祈求内心的平静安宁，找寻我们灵魂的归宿。

一生二，二生三，三生万物。

在西溪，在雲庐，让我们以"生"为线索，串联起中国人独有的价值观。让我们对血脉延续格外关照，对祖先充满感恩和敬畏，把宗法伦理奉为最高秩序，把家国天下视作毕生功业。正是对"生"的关注，我们才能发展出对自然万物的独特感受，在山水中寄情观道，在花鸟中沉醉春风，亦在屋檐下坐看云起。西溪即"写生"，天地有大德曰生。那是与万物共生的中国价值。

雲庐即"生活"，"曷不委心任去留"？那是与万物共生的中国精神。

西溪（潘杰摄）

花坞·雲庐之外一章

雲庐之美，美在山水之间。

雲庐面水，靠山，水有西溪之幽，山有花坞之灵。

花坞，多花、多竹、多树、多古庵、多诗意，早在明代便已声名远扬。花坞之美即雲庐之美，且看近现代文人眼里的花坞。

林纾的梦境

1899年秋，林纾游花坞，回去后念念不忘，遂写下《记花坞》。

这一年，是他人生的转折点。他曾七次上京参加会试，屡试屡败。45岁时，母亲去世，妻子病故，他走到了人生的谷底。就在游花坞这年1月，他与人合译的法国小仲马的《巴黎茶花女遗事》出版。这是第一部中国人翻译的西洋小说，一时风行全国。林纾不懂任何外语，是让一个懂洋文的人边读边口译故事大意，他边听边转化为文言文，且速度极快，人家口译刚完，他已同步写好，真是难以置信。

　　这年秋天，林纾来到杭州。他虽贫，但分明感觉到了自己的力量，并憧憬着自己未来的事业。他游了西湖、西溪以及花坞等地。原本就炉火纯青的文字，经过西洋小说的洗涤，独具风味。看他怎么记花坞："一径绝窄，出万竹中，幽邃无穷……小溪宛宛如绳，盘出竹外……深绿间出红叶，人声阒然，画眉之声始纵……"

　　47岁的男人，步调从容，目光清澈。他说，花坞有"茅庵十九处"。它们或者沿山坡修砌起小石阶，攀缘而上，高居其端；或者隐蔽在萧萧竹林里，传出梵唱的袅袅清音；或者女墙一围，屋檐半角，沿着竹子的曲折而蜿蜒，看不到里面的情形……

　　花坞，神秘犹如林纾的一个梦境。也许，这景致正暗合了他精神世界里最隐秘的美丽，才能被写得如此脱俗，令人顿生向往之心。1900年，林纾客居杭州。是不是这样的梦境，牵绊着他一度留在了杭州？

　　后来，他又以《记花坞》那样优美的笔调，翻译作品180余种，广泛介绍美国、英国、法国、俄国、德国、希腊、日本、西班牙等国作品，推动国人睁开眼睛看世界，为之后的新文化运动做了很好的铺垫。

胡适的温柔乡

　　1923年6月，胡适来到杭州烟霞洞休养。他的表妹曹佩声此时正在杭州读书，恰逢暑假，便来山上料理他的生活。于是，一段感情猝不及防地发生了。胡适，这个新文化运动的发起者，与表妹陶醉在温柔乡里，想不起回头的路。不仅烟霞洞的桂花是见证，花坞的竹林也看到他们梦幻般的旋情啊！

　　胡适的日记上记道："9月26日：今天游花坞，同行者，梦旦、行知、佩声……"这一天，他们一行游花坞，先乘船到松木场，再雇人把船抬到西溪河里，继续上船，两岸有着动人风致的靛青花开得正盛。如今我们已经很难想象摇橹的西溪河，可直到20世纪50年代，虽然公交车已经开通，但去古荡、老东岳、花坞、留下，一般都乘船。而留下、西溪的农民到城里卖蔬菜、鱼虾，大多也摇着小船沿西溪河而来，到八字桥泊船。

走进花坞，路边全是大竹林，不止几万株竹，"风过处，萧萧作声，雄壮不如松涛，而秀逸过之。杭州名胜，多竹之地，韬光不如云栖，云栖不如花坞。我游此三处，一处胜于一处，可谓渐入佳境"。他和表妹在花坞的竹林中徜徉，真的是心同此境。

约一个月后，胡适和表妹及徐志摩、朱经农再游花坞。他的日记继续写道："我们在交芦庵吃了午饭，坐船到开化凉亭附近上岸，步行进花坞。娟（即表妹）走不动了。我们到一个庵小坐吃茶。经农与志摩同去游花坞，我因前番去过，故和娟在庵里等他们。"

徐志摩与朱经农行于花坞万竹林中。一路上，朱经农说日子过得太快了，徐志摩却说日子过得太慢，就像看书一样，乏味的一页，可以随便翻过去，但到什么时候才翻到不乏味的一页呢？两人自然想不到，那个走不动的表妹，是已经怀孕了。

只可惜，这是一段先甜后苦的感情，并没有结果。胡适回到了自己的家庭，而表妹孤独终老。

郁达夫讨茶

花坞的竹子每年长出新的一茬。这一年是1935年，郁达夫一家从上海搬回杭州已经2年整。

此时还是早春，郁达夫在松木场养病。养病的日子有些闲散也有些无聊，一个日和风定的清秋的下午，他便决定出去走走。他坐了黄包车，过古荡，过东岳，访过风木庵，感到有些口渴，便问车夫：这附近可有清静的乞茶之处？车夫就把他拉到了花坞。

一到花坞，郁达夫就觉得清新安逸，像到了世外桃源。他的直觉是：这里比云栖更清幽，比九溪十八涧更深邃，它令你想起英国乡间那些茅屋田庄的安闲洁净。口渴的郁达夫走进一庵讨水喝。

"车夫使劲敲了几下，庵里的木鱼声停了，铁门闩一响，半边门开了，出来迎接我们的，却是一位白发盈头、皱纹很少的老婆婆。"

郁达夫说，庵里面的洁净，小房间布置的清华，以及庭前屋后树木的参差掩映，你若看了之后，仍不起皈依弃世之心，你就是没有感觉的木石。

那位带发修行的老尼去烧水煮茶时，敏感的郁达夫远远听见几声鹊噪从谷底传来，大约天时向暮，鸟鹊归巢了。而花坞的静，反因这几声的急躁，而加深了一层。喝干了两壶极清极酽的茶后，郁达夫稍有些迟疑地拿出一张纸币，给作茶钱。老尼笑起来，婉拒说："先生不必，我们是清修的庵，茶水不用钱买的。"推让了半天，她不得已就将这一元纸币交给了车夫，说："这给你做个外快罢！"

这老尼的风度和这一次逛花坞的情趣，竟让郁达夫津津回味，10余年后还不能忘怀。

建筑解析

西溪一朵云，结庐在人境

A Cloud in Xixi Turns into a Cottage in Human World

西溪雲庐，一半是承建传统的中式江南合院，一半是延续未来的现代低密作品。一侧是未来智慧云，一侧是人文历史。

云的智慧，东方禅意和西方逻辑，历史肌理和未来基因，在杭州西溪有了新的注解。西溪雲庐，古典和未来交相辉映，共同讲述经典的美学和对美好生活的理解。

绿城·杭州西溪雲庐

有雲之庐，无我之境

雲庐的中式合院是地域的被选择。

不论地域差异，抑或文化有别，这个星球对好住宅的定义并行不悖。或以山林取色，或以湖光借景，智者乐水，仁者乐山。此心安处是吾乡，而山水是最理想的安家之处。

北面为西溪，南面是老和山；水是眼波横，山是眉峰聚。

西溪雲庐似长镜头穿过西溪路。张岱给出湿地居住的评价，"溪山步步堪盘礴，植杖听泉到夕曛"；艾性夫选择住在湿地边上的答案，则是"雨花湿地人归晚，烟草迷川马去遥"。

　　修身齐家，只有选对了地方，才能脚踏实地地仰望星空。

　　雲庐的中式合院，恰好可以展现中国传统建筑文化里的咫尺山水之感，是西溪的点睛之笔。雲庐地面沿着山势倾斜，窗外青山，内心明净，景物人合一。

　　稼轩有词："我见青山多妩媚，料青山见我应如是。"选择雲庐的雅士，必能领悟"无我之境"。

与天地对话

用单纯的中式合院来定义雲庐，显然是狭隘的。曾经有人质问中国建筑的历史：为何中国过去总是以木材为营造的主材料？有一个经典的回答是：树木道法自然，有生，有死。建筑是历史的见证，和文字一样，流传一个民族千年的灵魂。

《浮生六记》中，沈复写理想的住宅：若夫园亭楼阁，套室回廊，叠石成山，栽花取势，又在大中见小，小中见大，虚中有实，实中有虚，或藏或露，或浅或深。

正如传统的国人生存哲学——不争不让，不张扬不喧嚣，这就是西溪的隐逸哲学。"动摇风景丽，盖覆庭院深。"不必争取，西溪风景就在那里，雲庐的中式合院深几许，也能坐享听雨。

雲庐的中庸经典之美，意在此。

林语堂在《吾国与吾民》里讲到，中国的住宅与庭园有其更为错综复杂的一面，在中国人的概念中，住宅与庭园是密不可分的，它们构成了一个有机的整体。

在绝美之景造房子，设计师就是将建筑和土壤的对话，翻译成生活的语言。隐逸，放达，慎独，雲庐的低容积、低密度，让每户业主有足够的空间与自己、友邻甚至天地对话。

在雲庐的花园里，可以看到弯曲、参差、掩映和暗示。雲庐的园林景观，请到了苏州园林院的多名非物质文化遗产传承人参与设计，将中式哲学写进雲庐的一草一木。

天时，地利，人和，绿城的中式美学必将在雲庐中延续。

绿城·杭州西溪雲庐

未来的符号

哲学大家陈嘉映说，一种语言包含着对待共同世界的一个特殊视角，同时又反映着一个民族的特殊历史和生活方式。有些高度凝聚着这些特殊性的概念是无法翻译的，如"仁""义""官""福"。

"云"字也是，中国文人对"云"的情结颇深，"云无心以出岫，鸟倦飞而知还"，"远上寒山石径斜，白云生处有人家"，意象为云，意境却远在天边。到如今，云又成了数据，成了信息的载体，成了互联网最热门的词。云是未来的符号。

其疾如风，侵掠如火。

城西互联网发展和布局的速度越来越快，西溪谷即将成为硅谷小镇，科技是第一生产力。

其徐如林，不动如山。

井然有序的西溪已经有了千年历史，快中有慢，对生活的理解有着自我的节奏，"慢生活"的主张深耕于这片土壤。

贺珉　杭州西溪雲庐总建筑师，杭州九米建筑
设计有限公司创始合伙人、总经理

营造者说

历史之选，东方之意

Choice of History, Ideal of the Orient

雲庐的曼妙在于，一半是白墙黑瓦的传统中式合院，一半是敞亮通透的现代派作品。

中国古代建筑经常做一些意境大于实用的设计。比如有些古宅的窗格故意调低室内的亮度，目的是让居住者从室内向外看，减少外界的干扰，也表达了中国人的一种自省之姿。

中式合院不是一种单纯意义的风格，而是民族的文化自信和身份认同的回归。雲庐的中式合院是历史的被选择。西为进，东为守。

绿城·杭州西溪雲庐

　　1923年，梁思成与林徽因自清华大学毕业后，远赴费城宾夕法尼亚大学建筑系进修。归国之后，梁思成不忘初心，将宋代的建筑宝典《营造法式》梳理成中式建筑的通典。民国的中式建筑，无论从建筑的美感和质量看，还是从营造的难度看，都有一种历史和科学的结合美。

　　民国的建筑大师们骨子里流淌着《诗经》的中式浪漫和克己内敛的处世哲学，而出国留学后又强化了"赛先生"的理性和逻辑。中式的审美经过西方的技术加持，让《营造法式》中的想象力有了更多落地的可能。

　　雲庐的中式合院，是现代文明的包容性作品。一户一牖，一阶一墙，街巷庭院，瓦榭楼阁，中式院落的细节继承，是雲庐对东方文化的致敬。

　　不忘中式合院居住的功能，雲庐用安静且尊重的方式，回应着西溪的山水。

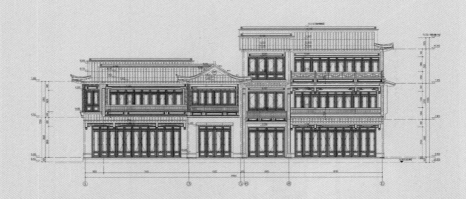

绿城·杭州西溪雲庐合院立面设计图

　　我在东南大学学习的时候，对中式建筑情有独钟，绘图落笔时，异常轻松。建筑的卯不自觉靠近中式的榫，学习古代建筑课程，有种水到渠成的愉悦。我大学时的小作业至今被收藏在学校展馆里。

　　现代主义的建筑理念，同样影响着我。和前辈们一样，我将西式的技术理念、现代的居住体验注入传统的美学中。

　　西方的住宅倾向于实用主义，最大限度地解决功能需求，维特鲁威在《建筑十书》中将这些定义为"实用、坚固、美观"，并不断影响着后世的建筑风格。

　　在西溪和老和山这样的佳境之前，雲庐决定采用古典和现代并存的策略，与中式合院相应和的是全新的现代派作品，灵感来源于新加坡的库鲁尼公园住宅（Cluny Park Residence），绿城将其命名为Trees Villa。

绿城·杭州西溪雲庐Trees Villa（外景图）

雲庐的包容犹如西溪的胸襟，面向未来，也尊敬传统。雲庐合院不是靠中式吸引，Trees Villa不是靠现代派吸引，实际上，能走到一起，一定是经典审美的趋同和生活气质的吸引。我觉得，西溪雲庐更像是一本留白的书，设计和营造只是完成了序言部分，书里的内容和生活的场景、故事，就交给后来生活在其中的人。只有它的居住者和拥有者，能给它一个完整的灵魂。

Trees Villa四面采用香槟色的铝板与通透的玻璃。四层富有艺术姿态的建筑，四周青山绿水拥抱的环境，是古代生活哲学与现代生活品质的完美结合。

王小波在《荷兰牧场与父老乡亲》里描述了荷兰17世纪就已经建成的农场：草地中央隆起，排水的沟渠将水通到风车里，风车将水抽到运河里，所有的生态在设计的推动下与环境成为一体。他崇拜这种技术与自然的结合以及艺术与技术的新统一，"设计是为了人而不是为了产品，必须遵循自然与客观的法则来进行"。Trees Villa实现了这种可能——玻璃外立面，生态自可见。

Trees Villa汲取大量玻璃结构的国外顶级公寓的经验，如伦敦的海德公园一号公寓、新加坡的库鲁尼公园住宅等，其风格可追溯到大名鼎鼎的流水别墅、罗浮宫的金字塔。玻璃的采光和通透性毋庸置疑，而在西溪这块绿树成荫的地方，树影将落在玻璃上，相互成景，秋水共长天一色。

北面栽种高大乔木，南面栽种矮小果木。北面敞亮幕墙系统，拓宽远眺的视野；南面系统门窗，做到一户两套不同体系。用现代的技术优化居住环境，这是雲庐对现代文明的回应。Trees Villa的工整和绝佳的视野，让你能在雲庐想象到光明的未来。

自内而外，Trees Villa融入自然。室内空间通透，开放式的厨房、餐厅、客厅、书房形成流动空间。你在房子里，房子里的人和物都在你的视野范围里，现代生活的焦虑在这份通透面前得到释放。

西溪决定了雲庐的尺度。Trees Villa就像为了一棵树，在山边，等了千年。

雲庐承载了绿城新的思路——生活先行。营造、景观、软装等所有程序同步作

绿城·杭州西溪雲庐餐厅、客厅

业，不再是先造房子，接着跟进景观、装修。一体化、多部门的同步设计，这是绿城在杭州的第一次尝试。绿城对未来的解读，就是雲庐强调的让生活本身回归。雲庐的楼顶，第五立面，我们花的时间比外立面更多，这一切只是为了从山上往下看时，楼顶的颜色可以融入整个西溪的环境，做到现代和中式的协调。

Trees Villa阳台用到的仿木铝板，光是小样就用了100多种，打样20多稿，反复调试，测验不同的拼法，最终发现20厘米以内的小板材拼法能让铝材呈现得更自然，像真实的木材。

风格与流行之间的不同在于质量。乔治·阿玛尼的格言造就了日后的经典之美。所有撰写未来的作品，品质只是基本功，想象力更不可少。雲庐承载了绿城关于未来的想象：地理位置的价位标准逐渐放低，产品的设计和美学的品质逐渐上升。

（本单元内容原载于《HOME绿城》第128期，2017年。有修改）

绿城·杭州西溪雲庐

Part 04

沁园

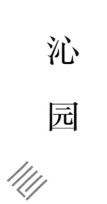

『沁』香谁为传

一个"沁"字，
道出了沁园与众不同的秘密——
这是波澜水岸与都市之心的融汇。
当城市繁华和都会水岸相交，
厘定出交点，这正是杭州城市与自然、
人文融合的黄金点。

人文·地脉

西进！美好生活盛放地

Marching Westward to the Place Where Beautiful
Life Blossoms

别林斯基说："在所有的批评家中，最伟大、最正确、最天才的是时间。"

回过头来看中国，看杭州，看这座悠久的城市刚翻过的新篇——我们也会感叹：最伟大、最正确、最天才的依然是时间！

改革开放40年，可以改变什么？我们以杭州为例。

今天的杭州，已然成为世界级的城市。2016年那场盛大的G20峰会，2022年那场即将到来的亚运会，杭州正款步走向世界舞台的中央。杭州这座被马可·波罗盛赞的"华美之天城"，数百年间几经沧桑。一座有着美丽风景的城市，在改革开放40年的见证下，默默生长，静静开花，在中国的最东面，以极致的创新精神、雄厚的崛起力量，从江南走向了国际。

这是一座有高度、广度与深度的城市，是一座时间之城，也是一座未来之城。生活在这座极具现代感的城市里，我们有时会恍惚，有时会觉得难以想象，那座旧房子，那种逼仄的生活，那种喝自来水靠挑的日子仿佛还在眼前。

而今，我们再看看这座城市，这么高，这么新，这么时尚，如此现代化、智能化、人性化。

是的，杭州像是一棵开枝散叶的大树，华盖铺展得如此雍容。

如果一定要解读，只需往前翻30多年，杭州第一波外沿突围的历史，在城西。改革开放的号角，吹响。

西进！一座城市的新生。

现在，当小车在车流中滑行，路过城西那片被命名为"绿城丹桂公寓"的小区时，很多人不会想到，在20世纪90年代，它对于这座城市具有怎样里程碑式的意义。

城西，几乎一直与杭州城市的发展同步。那时，最具改革精神的一群人，把新生活的激情、才华与梦想，托付给了城西。

那是一群最珍贵的拓路人。当他们最早拥有财富时，他们的眼光就不再局限在原来的城区。他们大胆无惧，他们敢想敢做，他们把在这座城市站稳脚跟、开花结果的理想，种在了城西。

城西，那还是一片青春式的沃土——杭州第一块大面积开发的商品房聚集地。城西的热土，浇灌着无数绿城、金都、南都、坤和、富越人的心血。他们是城市的筑梦者，他们搭建了这座城市光荣与梦想的殿堂。

西进！智慧与学术的聚集地。

几乎可以说，城西是杭州改革开放40年发展的见证者、亲历者、弄潮儿。曾经的城西是在一片一片农田上生长起来的，而今已成为城市的智慧之区，"天堂硅谷"让城西变成了年轻、创新的同义词。

从浙江大学紫金港校区打开大门迎接新生的那一天开始，百年名校浙江大学就把这座城市源远流长的文脉铺展蔓延到了城西厚重的土地上，城西成为数以万计的高端知识人群的集聚区。新的历史也在这片土地上生长出来，经典也将在这片土地上诞生。

西进！美好生活盛放地。

杭州人正是从城西这片土地开始，学会了什么是品质生活。

丹桂公寓，绿城踏入杭州的第一步，在杭州的房地产史上，应当留下浓墨重彩的一笔。在当时那个年代，大量住宅是以七层为主、平顶、"兵营式"的布局，毫无环境可言，但丹桂公寓的出现，让人们突然注意到了这种五层的、坡屋顶的、规划布局灵活生动且引入了园区景观营造的小区。可以说，正是从丹桂公寓开始，短短几年内，杭州就进入到了中国城市住宅开发的一流水准行列。

从那之后，绿城走上了永不停歇的产品创新之路，走上了引领大众居住生活水准的道路。40年前，人们没想过有一个宽敞客厅的房子住起来是什么感觉；30年前，人们很难感受房子里有一个专门的书房会有多方便；20年前，人们不知道家门口小区里就有游泳池是件多么畅快的事情。从某种意义上说，是绿城教会了人们，如何生活，如何用双手建设、用身心去感受品质生活。

从一代，到二代，再到二代后——20多年间，绿城把居住的感受提升到生活的艺术，提升到精神的审美，甚至是人生的哲学。

从城西出发，绿城的脚步跨越了全国100多座城市；2017年，绿城回归城西，临近中国改革开放40周年这个历史性的时间节点，在城西这个物理空间的坐标上，完成一家企业在精神上的嬗变——它将在这里，造一座"沁园"。这不是对既往历史的陈述与总结，它只面向未来进行创新与开拓，这是时代赋予沁园的历史责任，也是绿城在城西的一座里程碑。

沁园，将成为改革开放后杭州人民幸福生活的华表；沁园，将成为杭州城西城市建设的标志性建筑；沁园，也是绿城作品的最新华章。

弹指一挥间，近40年光辉岁月悄然流逝。

有人说，如果要给这座城市颁一枚建筑学勋章，这枚勋章应该挂在城西的胸口。

致敬城西，它记载着一个时代的脚步，也镌刻着一座城市的文明印记。

期待沁园，它一定能让我们看见光阴的力量，成为岁月的荣光。

建筑解析

沁园
都市里的诗意栖憩地

Trevista of Hangzhou—

Poetic Habitat for the Urban Life

空间，正在日趋成为当下的一大关键词、流行语。

因为，思想需要空间，交流需要空间，万物生长同样需要空间；至于生活，更需要空间。而在所有的空间之中，自然且迸发灵性的空间，应该是最能让人感到舒适、放松、从容的处所。

正如诗人田禾所写：回到自然，我是一条快乐的鱼，游荡在生活的水流之中……

我们不仅仅向往鱼儿在水中的惬意，同样也向往鸟儿在天空的不羁，向往一棵树在山野间的伫立挺拔，向往生活里一切"恰逢其时的美好"。

而在绿城沁园，鱼水之合，自然之恋，繁花璀璨，一幕幕生活的如歌画面，正在被日日夜夜不间断、生动鲜活地演绎……

水岸与都心的融汇

余杭塘河的两条支流——东环河、虾龙圩河，双水岸环绕的城市地理位置，使沁园与都会河堤景观仅仅一门之隔，而由绿城建设改造的沿河景观，让约300米的沿河步道上的风景更为精致、优雅。

同时，沁园毗邻城西银泰城，从容对接武林商圈、钱江新城与良渚文明等城市地标；"厚蕴城西文脉"，遥遥相望的浙江大学紫金港校区更让这里成为一个学风浓厚的人文之地。定居这里，孩子从小感受书礼风范，培养修养和礼仪。

杭州沁园

　　不仅如此，沁园更以约150米的步行距离，遇见运河亚运公园未来的无限精彩。转身之间，便可以完成从沁园到公园的从容切换，告别在模拟器械上机械而枯燥地划船、骑车、跑步，放纵身与心，慢跑在公园的跑道上，聆听晨起的第一声鸟叫，静赏雨打残荷的意境。抑或只是一袭轻衣、一双便鞋，简单地伸伸腿、扭扭腰，和家人一起打个羽毛球，皆是充满情趣的体验。

　　漫无边际的绿林，一路的朝露菁华，有新鲜的空气可供吐故纳新，有生机盎然的绿意可对话，健康便也天天相随。

　　在沁园，从漫步浓荫花境到流连时尚橱窗，皆在步行范围内，24小时都会生活闭环，让人心甘情愿地将时光浪费在美好的事物之上。

美好生活的艺术化

杭州这座千年古城，自古以"美"为名，"三面云山一面城"的天赋格局，浸润着这座城市精致、典雅的美好气质。

而这种城市气质，同样深深浸润着绿城，孕育了绿城"真诚、善意、精致、完美"的精神内核。可以说，美，构成了绿城与杭州这座城市联动的契合点。

在繁华簇拥的城西之心，沁园宛如一片都会绿洲被风景亲密裹围。项目西南与北面，为东环河、虾龙圩河两条城市河道，南面则通过高大的乔木树阵形成屏障，加上东面沿路的宽阔绿化带，其地理格局与杭州"三面云山一面城"天然契合。

成片的绿色植被与城市河道仿佛天然屏障，于繁华处围合出一个宁谧的世界。这里，融汇了人间的生活五味，诱惑着人的视觉、味觉、听觉。拉开窗帘，便看见了风景，你看见了风景，你也正融入风景。

沁园小径，一头连着"宅"，一头连着"自然"，形成了人与人交往的空间场所，营造出别有洞天的景观，更弥漫着一种久违的沉醉。超大的中央公园，以及头顶的浓荫、温润的砖石、脚下步道上斑驳的阳光，共同围成一个诗意栖息的处所。

而为了给业主营造沁人心脾的日常生活舒适感，绿城践行着"让艺术生活化，让生活美好化"的梦想，从主题化的架空层空间，到景观层次丰富的中心园林，无不是精心耕作，只为让园林中的每一次穿行，犹如漫步灵感沁心的城市丛林。

步入沁园的那一刻，一面铺满整个墙体的沁心绿幕便以垂直森林的视感扑面而来，这很有可能是杭州目前最大的户外绿植墙。更让人忍不住点赞的是，墙上的所有植物都是自然成活的，以特有的自然气息沁人心脾。而在绿墙前面设置的，是独立设计师、数字艺术家张周捷设计的艺术装置——Mesh Motion 01。

以设计作品的态度雕琢每一处景观，更集融入式、沉浸式、互动式于一体，如

杭州沁园

此，便诞生了沁园独有的七境景致——沁心绿幕、艺术镜池、时光廊亭、光影长廊、阳光草坪、童真乐园、星空客厅。

借鉴新加坡错落交织的立体景观，通过林、坡、廊、海的立体式多重景观呈现，将人的视线从建筑本身转移到园林空间，转移到生活本该有的美好面貌之中。以艺术的姿态，打开都会景观的想象力。沁园的七境，不仅仅是七种景，更是迸发灵性的"七步诗"。

一山一水一流云，一池一石一清风，世间千般美，终归一院落，踱步于这渐变的空间中，人的心情也会逐渐转变，即所谓的"步移景异，情随境迁"，这种空间的尺度与自然的流畅，何止是令人惬意。

上图：杭州沁园俯瞰图

下图：杭州沁园

左图：杭州沁园高层住宅室内

右图：杭州沁园洋房室内

我们买的不只是房屋本身

焦灼和压力或许是现代人重新开始注重精神层面的东西，并愿意为之消费的原因。人们越来越怀念房子作为居所的最根本属性，想念生活可以不用被牺牲的纯真年代。

这也是沁园一直在强调"生活艺术化"的原因，它必须变得重要，所有的一切，例如空间设计、社区功能、配套设施，统统得在它面前俯首称臣。尊重居住者的意志，使其在此获得艺术、诗意的日常生活，这是沁园对现代人的尊重与体谅。

在空间设计上，沁园根据高端人群生活需求，大部分户型实现双开间大阳台，局部户型甚至达到突破性的三开间巨幕阳台。立面设计紧贴国际顶尖建筑设计的"Superflat"（超扁平）美学风格，通过特殊材质、精湛工艺及色彩系统达成极简建筑美学。特殊繁杂的工艺使建筑立面扁平化呈现成为可能，窗面与铝板的凹差降到极低，追求一种宁静与光影的效果。

这是沁园留给杭州的极具认知度的风景，也是每一个走入园区的人的生活的背景。

回到房间，沁园解构并重塑生活格局。从入户玄关到橱柜收纳、卫浴间镜柜以及储物间与阳台等空间，认真思考"收纳"这件事，并将其在最大限度上无限接近于艺术，这是日常生活焕发出令人赞叹的实用美学的光亮时刻。

多元化及家庭厅是未来的趋势。在沁园部分户型中，客厅以更开阔的空间实现全家庭共享功能。

我们买的不只是房屋本身，还有它承诺的美好生活。

杭州沁园

艺术是生活的形而上

这是杭州首次在园区景观引入"软装定制"理念，而沁园剑指高端生活场域的设计标杆。

在沁园，每一寸风景，都为享受生活而生，人们在流淌的时光中寻觅生活本真，在杭州至为柔软的城西，献上一席浮动的大都会生活盛宴。

"颠覆永远是来自边缘的，这个概念叫边缘式创新，它永远是在不起眼的角落中先开始创新，它就像一个开关一样，一旦开启之后就会产生连锁反应，直到有一天在整个社会炸开，就推动了世界的革新。"

说这番话的青年设计师张周捷不仅有亚洲新锐设计师这张金名片，他的作品也

杭州沁园

获奖无数。最令人印象深刻的是他"系统性"的创作特点，将寻常生活用品用系统的设计逻辑进行再创作，达到艺术的效果。

这也是为什么沁园特邀他为园区创作装置艺术。每个走入大门的人从这里便获得了对于沁园的第一印象。

那是在镜面水池上的线条形装置，简约、规律，与绿植墙融为一体，让人徒然生出宁静之感，结结实实地洗去了一身尘事，只想驻足于此，一直看下去。

张周捷受邀打造的沁园七景之一——"艺术镜池"，以轻盈雕塑展现生活之美。

为何要在寸土寸金的园区空间里造一座不能被"使用"的艺术装置？这个问题就像"为什么要在生活区域内放置艺术"一样尖锐。艺术家们受邀踏入日本濑户内海区域的时候，吸引他们的正是"艺术活动并不是为了艺术相关人士，而是为了生活在这块土地上的居民"。

放置在园区入口处的线性艺术装置，就像草间弥生放置在小小海岛上的南瓜，把艺术揉碎了，镶进生活，生活也得以艺术化。

对生活艺术化的考虑与预设亦存在于沁园的方方面面，并且融合进了另一大社区生活课题——社交。

星空客厅，是邻里日常运动、交流的主要场所。在高度精细的功能规划和全龄化的全方位呵护下，让居住者在四季的欢愉中重获存在感；多主题的架空层设计使不同楼幢间各节点巧设功能分区，预留童趣、运动、家庭休闲等差异化主题空间，这些人情味浓郁的自然空间架起邻里活动、交流的温馨桥梁……

当我们在看房子的时候，我们在看什么？跨越记载着详细内容的楼书效果图，往上看，看到"Superflat"建筑，看到跑步的清晨，看到摇曳不停的线条的倒影，看到云，看到风，看到生活。

杭州沁园

营造者说

我们尽量轻地将建筑放在地球上

We Will Try As Much As Possible to Build Lighter Architecture

HOME：《HOME绿城》　设计师：朱培栋

HOME：和以往的绿城产品比，沁园的不同之处在哪里？

设计师：以往绿城的产品是精美的工艺品，有很好的执行力，无论是法式还是中式都很被市场认可，是一个把艺术转化为工艺的作品，可以体现美学价值、居住价值。绿城之前的产品都可以从历史上的经典建筑找到原型，这些样本有着上百年上千年的历史。艺术是不能复制的，当艺术被大量复制的时候就成了一种商品——非常精美的工艺品。沁园这个项目，我们是把它当作唯一的艺术品来创作的。

HOME：近年来您持续关注和介入了一系列富有挑战性的综合创作类项目，那么在做沁园这个项目的时候，您最希望呈现的是什么呢？

设计师：我一直认为设计师应该在建筑固有的使用价值和经济价值之外构筑其特有的人文内涵，挖掘超越建筑本身的社会价值。具体到沁园这个项目，我希望是能在当代都市的快节奏生活中，带给业主一种不经意间与艺术建立链接的体验，毕竟建筑是唯一一种能够容纳人们生活的艺术形式。

HOME：您的设计灵感来源于什么？

设计师：在设计的时候，我会把日常生活或旅行中感受到的一些点、一些对美的发现结合进去。在生活中、旅行中，我也会以设计师这个身份下意识地去寻找、积累。在当时的条件下，把美的积累与美学修养形成一种艺术表达，把这些灵感的点植入项目。

比如在设计前场绿幕的时候，我回想起曾经在新加坡等亚洲都会中看到的样本。那些绿植，在不同的地方以不同的形式被人看到，进而让人产生不同的心境。回到沁园，我认为这应该是一个"洗掉烟火气"的装置。因为周围是喧嚣的新都市中心，充满了世俗的烟火气和生活带来的负担，通过这样一个超尺度的绿幕装置，首先形成了一种巨大的视觉冲击——从以往冷冰冰的建筑中跳脱出来的一种生命力，接着这种自然的生命力又会开启一种令人平静的且真实的居家空间切换，从而完成都市精英脱离一日的喧嚣然后回归平静生活的状态切换。

HOME：您一直提到艺术、美学等概念，那属于沁园的建筑美学风格是什么呢？

设计师：一是简约。沁园要传达的是一种当代美学，和之前绿城传达的历史美学还是有所区别的。它的线索可以延伸到密斯设计的范斯沃斯住宅、东京的法隆寺宝物馆、纽约的现代艺术博物馆（Museum of Modern Art，MoMA），以及世界各地的苹果旗舰店……这些建筑都在传达同一个当代美学概念。

杭州沁园

二是自然。我希望从园区入口的绿幕，直到园区内部的重重绿境，再到大面积玻璃所反射映照的周围自然环境，建筑与人，建筑与自然，在此共生。室内与室外，相互交融。

在我看来，当代生活方式本身也可以是一种艺术。我们想把当代生活与自然艺术场景真实地显现给大家，在寻找一种更简约、更自然的表现方式，从而把复杂的工艺蕴含在背景里，把简单的线条呈现在大家面前。建筑最终作为生活的容器，容纳着生活，映衬着自然。

HOME：现在艺术、设计、产品等各领域都在说极简风格，那么沁园这样的建筑，极简风格的呈现形式是怎样的？

设计师：用专业术语描述的话，沁园的风格可以归类为"Superflat"，也就是超扁平状态。比较典型的是全球各地的苹果旗舰店。沁园的前场是一块无边镜面水系，极致的简约和光线的反射，让人不禁产生"悬浮"的感觉。后场我们则强调"消失"，模糊室内外的界线，所有东西指向一个方向，通过光的反射、折射和透射，在有限的空间里给人以超越空间的体验感，让建筑消失，好像进入到一个更加广阔的空间。

HOME：什么是"超扁平状态"？

设计师："扁平风格"这一概念最早由日本艺术家村上隆提出，他也是超扁平艺术运动的创始人。"Superflat"概念在当代快节奏生活的助推下不断发展，成为跨越平面艺术、工业设计、建筑等多种媒介的一种潮流，最终形成跨越媒介的艺术风格。

扁平化概念的核心意义是：去除冗余、厚重和繁杂的装饰效果。具体表现在去掉了多余的透视、纹理、渐变以及能做出3D效果的元素，这样可以让"信息"本身重新作为核心被凸显出来。同时在设计元素上，则强调了抽象、极简和符号化。所以定义扁平化，重点在于去除装饰，强调简单。

若体现在建筑风格上，是简单可辨识的形体风格。建筑史上的现代建筑就很符合这样的形体风格。若体现在表达方式上，则是反传统的、非写实的、概括化的表达方式。

杭州沁园

HOME：沁园的立面采用了大面积的"太空灰"，这是想达到一种怎样的建筑美学？

设计师：我们从纽约、伦敦、香港等地及新加坡等国家的豪宅中汲取灵感，大面积玻璃与铝板均为色度相近的深邃"太空灰"，立面讲究线性肌理，以材质的真实质感、精湛工艺及纯粹的色彩系统达成一种极简的当代建筑美学——建筑立面仿佛垂直的无边泳池。

这种扁平、纯粹、深邃，体现出一种与传统建筑不同的轻盈感。就人类的技术来说，建筑所能承载的一百年甚至数百年时间，其实只是自然界漫长历史长河中的短短一瞬；甚至整个人类的历史都是如此。所以我们尝试以一种新的历史观——不再追求永恒的纪念碑，而是遵循自然的法则，尽量轻地将建筑放在地球上。

杭州沁园

HOME：为什么会想把"Superflat"的设计风格应用到沁园建筑的方方面面？

设计师：是想把它作为多元生活的承载背景吧。一般来说，扁平建筑多应用在商业、艺术等领域，用以衬托商品或者艺术展品。在住宅空间融入扁平化元素，更有一种艺术感，也体现出强烈的艺术先锋性——生活就是建筑中的最大展品。

与此同时，我们试着把一些极致的动作放到一个比较小的场景，把超扁平的空间，放到日常的居住场景中。比如沁园主入口的挑檐长达60米，扁平、简洁，但厚度却很薄，这种极其强烈的视觉尺度对比，会带给人一种戏剧化的感觉，令人回味。

HOME：沁园的场景是如何切换的？

设计师：生活的戏剧性场景，在沁园的回家之路上，从尺度、节奏和空间方面进行着三重的切换。第一个场景是超扁平、超现实的艺术装置；第二个场景是洗掉烟火气的绿幕；第三个场景是通过镜面不锈钢和超白玻璃，达到让建筑消失的感觉。建筑在这时恰如一个虚无的背景，包含其中的当然是最重要的生活本身。建筑、装修、设计，一切都是为生活服务的。

HOME：也就是说不只要造房子，还要造生活？

设计师：说到底，房子也是为生活服务的，我们喜欢配套设施好、建筑风格好、用料好的房子，其实是喜欢它勾勒出来的生活蓝图。沁园极致简约的视觉语言，正是包容极致多元的生活本身的一种尝试。

（本单元内容原载于《HOME绿城》第134期，2018年。有修改）

杭州沁园

Part 05

大音希声

凤起潮鸣

The
Philosophy of
Phoenix Mansion

杭州凤起潮鸣

地理位置：浙江省杭州市下城区环城东路与凤起路交叉口

占地面积：约3.57万平方米

建筑形态：高层住宅、中式宅邸、产权式服务酒店

开工时间：2016年12月

交付时间：高层住宅2020年11月20日，
产权式服务酒店2020年12月31日

规划与建筑设计：浙江绿城建筑设计有限公司

景观设计：苏州园林设计院有限公司
日本植弥加藤造园株式会社
上海张唐景观设计有限公司

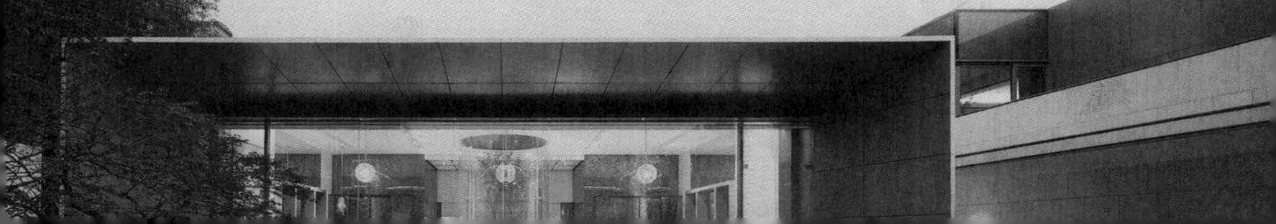

The
Philosophy of
Phoenix Mansion

凤起潮鸣

大音希声

循着历史的血脉，
从潮鸣地块这扇小门侧身而入，
走进历史深处，
去观察与体会这座城市的文化脉动，
去感受这座城市的悠远、深沉与厚重。

潮鸣天地间

Chaoming in Heaven and Earth

没有文化的城市是没有凝聚力和生命力的城市。
文化血脉深深根植于这座城市的历史卷宗与日常生活之中，
成为它最具个性的重要特征。

古往今来，中国人的哲学讲究天、地、人三者合一。在天、地、人三者之间，人居其中。中国传统文化以人为中心，中国的城市文化同样与人无法分割。西方的建筑不断地向高空伸展，在高耸入云的建筑物面前，人是匍匐在地的。而东方的城市，讲究环境与人的完美和谐，讲究的是一种空间的扩展。

现在，我们身处的这座城市——杭州，环境与人们的生活方式正发生着巨大的变化，新楼平地而起，地域日益扩张，但这座城市的文化，依然如血液一样流淌在一根根有形无形的血管之中，滋养着这座城市的人们的精神版图。它构成城市之源、城市之魂、城市之未来。

2016年3月，绿城拿下杭州的潮鸣地块。在有识之士眼中，潮鸣单元是当仁不让的"绝版地段"，地处环城东路以内，又有贴沙河景观。但当你深入城市的肌理，从时间与空间两个维度来打量它，你就会发现，潮鸣地块绝不只是单薄的"地段"二字可以概括：

从空间上看，如果在杭州这座城市版图最繁华的地段画下一纵一横两条中轴线的话，你会惊讶地发现，潮鸣地块正处于这纵横两条中轴线的交叉点上。

从时间上看，潮鸣地块处于贴沙河附近，这里有着杭州最早的铁路、电厂、自来水厂，它是杭州进入现代化的初始点和出发站。

从时间与空间交叉点上看，潮鸣地块处在杭州大城之中心，一座古城门——庆春门静静守护着这座城市的安稳繁华。时光流转，而今古城墙与城门遗址依旧默默陪伴着附近的商业繁华。

从当下看，潮鸣地块现今所处乃是杭州这座城市的"华尔街"。沿着庆春路这一条金融之路，中国银行等国内外数十家金融机构和电信、媒体、科技等各类集团公司都在此聚集……

因此，潮鸣之鸣，声彻天地间，力贯千万里。

现在就让我们循着历史的血脉，从潮鸣地块这扇小门侧身而入，走进历史深处，去观察与体会这座城市的文化脉动，去感受这座城市的悠远、深沉与厚重。

太平门内
——城市版图之中心

这道墙，围出了古杭城的气派。

曾经，巍巍城墙高耸，猎猎旌旗飘扬，城门森然，往里走是城市，往外走就是乡野。城门就是城内与城外相通的必经之路。

这是古老的杭城城墙。杭州的老城门最早可以追溯到隋朝。隋朝大臣杨素连续平定江南的叛乱后，为了增强杭州的防御能力，发动南星桥一带的百姓，沿着凤凰山造了城墙。当时杭州只有四座城门：西北面的钱唐门，南面的凤凰门，北面的盐桥门，东面的炭桥新门。其中沿用的"钱塘门"与当年的"钱唐门"有一字之差，是因为唐朝建立以后，杭州是天高皇帝远，城区一直没有什么大的发展，但为了避国号，只能把所有地名的"唐"字改为"塘"字，"钱塘门""钱塘江"这些词都是那个时代开始出现的。

接下来是吴越王钱镠建都杭州后，重修杭州城墙。他在凤凰山下筑"子城"（王城），又在子城外筑"罗城"，城墙长70里，城东濒临钱塘江，西倚西湖，南到六和塔，北达艮山门，东西窄而南北长，形似腰鼓，俗称"腰鼓城"，这就是杭州城的雏形。钱镠，可以说是杭州城的第一个设计师。杭州城墙最多的时候，是在赵构逃到杭州建立南宋王朝之后。当时大力修复城墙，目的当然是安全起见，抵御金兵入侵。当时南宋朝廷真穷，只能落脚在凤凰山原来吴越王的王城，一来这里风景不错，二来这是当时杭州的制高点，方便控制全城。整个皇宫内城只有三个城门：和宁门、东华门和西华门。如今，在万松书院一带还能找到当时城墙的遗迹。

到了清代，杭州城就有了十座城门，每座城门各有特点，用杭州话表述起来如下：

北关门（武林门）外鱼担儿（多鱼市场及水产品买卖），

坝子门（艮山门）外丝篮儿（附近织绸机坊遍布），

正阳门（凤山门）外跑马儿（原为养马场，骑马踏青之处），

螺蛳门（清泰门）外盐担儿（城外沿江多盐场），

草桥门（望江门）外菜担儿（当地乡民多以种菜为业），

候潮门外酒坛儿（绍兴运来的酒由此门进城），

清波门外柴担儿（市民所需薪柴均由此门进出城），

涌金门外划船儿（当时西湖上的手划船均聚散于此），

钱塘门外香篮儿（往灵隐、天竺进香者均由此门进出城），

太平门外粪担儿（农民运粪由此门进出城）。

太平门，正是庆春门，又叫古东大门。它建于南宋，为杭州古代东城门之一，原名东青门。城门之外，是一览无余的田园风光。

南宋末年，元兵进占杭州，东青门被毁。元末时重建，往东拓展三里，新门近太平桥，改称太平门。明时改称庆春门。

杭州历史文化专家曹晓波在一篇文章中写到"庆春门"之名由来的几种说法，其一是说"太平门"改"庆春门"是"庆祝常遇春进城"。但此说并无明确的文字依据。《明史》中写常遇春攻打杭州，只九个字："攻杭州，失利，召还应天。"

其二是"迎春"之说。立春前一天，杭州府以及仁和、钱塘两县下属有关部门的官员，都要正儿八经地穿戴起来，执全副仪仗，前往庆春门外迎请"句芒之神"——草木之神，意为迎来年的丰收。立春是个大日子，《杭俗遗风》中重点提及。

东河

　　旧时庆春门外，是一片绿油油的菜地。直到20世纪"文革"初期，出了东青桥，走过铁道线，还可看到一片平整的菜地和一个个大小不一的池塘。而今，这里早已成为古运河分支东河边的繁华商业地段。

　　杭州东面城垣几次扩大，地址多有变迁。庆春门内的庆春街，历来为繁华街道之一。庆春门，西面有惠济桥，俗称"盐桥"，是宋时"盐船待榷（卖）处"；东面则有菜市桥，因宋时的蔬菜集市而得名；北面有潮鸣寺，是始建于五代后梁的古刹，寺北有回龙桥。

　　庆春门一带，可以说是文脉兴盛之地，历来就是文人汇聚的地方。如唐朝著名的书法家褚遂良，以《长生殿》留名于世的清代剧作家洪昇，都曾在此一带居住。旧时，庆春街的西端，还留存有纪念岳飞的"忠烈祠"。

贴沙河

"纵贯线"贴沙河
——杭州现代化之肇始

与潮鸣地块一箭之遥处，有一条贴沙河。贴沙河作为杭州城内的千年古河、护城河，开凿于公元861年，主要用以宣泄钱塘江潮水，护卫杭城。

千百年来，贴沙河悄然流淌，目睹了杭州这座城市的巨大变迁，也见证了这座城市现代化变革的肇始。

清末民初，伴随着社会的巨大变革，西风东渐，许多先进的技术和新生的事物纷纷在杭州城里出现。照相馆、西药店、银行、法院、学校、医院、车站（火车、汽车站）相继出现在人们的视野中。

1879年，爱迪生发明了真正意义上的电灯。而电灯在杭州第一次亮相是在1896年8月15日，那天，拱宸桥旁的世经缫丝厂用上了从国外买来的发电机和照明设备，厂区照明开始尝试用电灯。但是，这样的新鲜玩意儿，普通老百姓是没福得见的。

10多年以后，1907年2月，杭州籍珠宝商人金敬秋等人发起筹建电灯公司。1908年，浙江省杭江大有电灯股份有限公司宣告成立。电灯公司成立以后，一手在板儿巷（今建国南路）选定厂址开工兴建，一手建电网，在杭州主要街道每隔40米左右设立10米高的木质电杆一根，除了架设电线外，还在每根电杆上安装路灯一盏。1911年农历七月初八，板儿巷电厂建成，共有蒸汽引擎发电机3套，总装机容量750千瓦。当天晚上，板儿巷电厂向杭城正式供电，霎时大街两旁的路灯齐放光芒。

成千上万的杭州市民走上大街翘首观望这神奇的景观，纷纷感叹科学的神奇。杭州市民也从那时开始，告别了晚上提着灯笼出门的千年习俗。此后杭城用电量猛增，板儿巷电厂水源不足，于是选址艮山门附近建分厂。1922年分厂开始发电，基本可以满足城内供电需要。

同样是在1907年，杭州城的脚步也忽然加快了。

伴随着呜呜作响，一列长长的钢铁怪物向前驶去，火车头喷着黑烟，人们跟着火车头一路小跑，就这样跑进了清泰门内的杭州火车站。这条沪杭铁路线，几乎是紧挨着贴沙河向南而去，为了让火车顺利进站，杭州人同时拆了城门和一段城墙。

这段历史说来话长。辛亥革命前夕，步履蹒跚的清政府不得不实行"新政"，出台了一系列改革措施，其中之一就是要实行铁路国有化。可是清政府自己又无能力修筑铁路，便将筑路权出让给西方列强，引发了各地的保路运动。不少地方主张依靠民间集资来修筑铁路，保住路权。在这样的背景下，浙江著名的立宪派人物汤寿潜掀起了一场保路运动，积极倡议集股自办浙江铁路，并在上海成立浙江全省铁路公司，自己任总理。

1905年，在汤寿潜等人的积极筹划下，浙江省第一条铁路——江墅铁路开始修筑。这条铁路其实是沪杭铁路的一个试点工程。为了确保万无一失，江墅铁路在初步勘测后，准备了两个线路方案：一条绕西湖而行，一条循城东沿墙而行。第一个方案因古墓动迁会破坏名胜古迹而被清政府否决，故采用第二个方案。

1906年11月14日，浙江省历史上首条铁路的开工典礼在杭州艮山门外罗木营举行。因线路沿城郊而行，地势相对平坦，建造过程颇为顺利，所以次年8月23日工程即宣告完工并投入运营。全长186公里的沪杭铁路由此诞生。此后，人们往来沪杭之间，大多依赖于该铁路线。

然而，从上海至杭州要在清泰门站下火车，但清泰门站在清泰门外，更麻烦的是清泰门每天19时就会关闭城门。

事有凑巧，1909年末，汤寿潜听闻女婿马一浮已在上海回杭州的火车上了，就嘱咐家人筹备晚餐，没承想饭菜做好了，女婿还未到家，只能把饭菜热了一遍又一遍。直到很晚，马一浮才到家，他向家人解释："从清泰门过来到家还要走很长一段路呢！"随后，他建议："火车站在城外，人们进出赶火车多不方便啊，为什么不在城里设个火车站呢？"汤寿潜觉得有理，但在城内设火车站就意味着要把城墙开个洞，再将轨道接到城里来，所幸这个设想并未遭到清政府的反对。1910年，清泰门站移入清泰门内，改名为杭州站。因为火车站在城内，所以杭城百姓将它称为"城站"。

最初，"城站"是一幢充满巴洛克建筑风格的西式二层楼房，建筑面积为1210平方米，但1937年被日军两次轰炸后毁于战火。1941年3月26日，杭州站第二次重建，站舍1942年3月21日完工，建筑风格为日本奈良时代建筑风格，屋顶铺设琉璃瓦。

1997年，杭州站进行了第三次重建。历经沧桑的老城站就此作别杭州，我们现在所见到的，就是那时候重建的杭州站。

潮鸣地块紧挨贴沙河，贴沙河不仅见证着杭州铁路、电力的兴起，还见证了自来水厂的建成。

我们现在用水便利，不管是身处高楼，还是紧贴地面，只要拧开水龙头，清水就哗哗流淌。但是在20世纪20年代，杭州人用水只得依靠遍布街巷里弄的水井和一

这里诞生了杭州第一条铁路

条条穿城而过的河流。

1928年，全国已经有19个城市通了自来水，杭州也开始筹建自来水厂。从筹集资金到取得卫生部第一号自来水许可证，从挑选国外进口水管材料到敷设供水管线、建蓄水池，从反复勘察和水样化验，到最终确定用清泰门外贴沙河河水及周浦钱塘江水作水源，直到1931年1月，杭城首家自来水厂才终于诞生，这就是清泰门自来水厂的前身。

自来水虽然通了，但在当时，它可不是一般人家用得起的。比如那时的"黄肉巷"（现在的游泳巷）疯狗弄整条弄堂里也只有丁氏家族一户人家在用自来水。因为不仅装自来水管的价钱不菲，而且平时用一百担水，大概也要花费一个银圆。另外，自清泰门自来水厂建成后，贴沙河就此成为水源保护区。

近百年来，杭州城发生了巨大变迁，城市建设一日千里，城市地域一扩再扩，城区中原来纵横交错的河流，已经有不少相继堙没。而这条贴沙河一直杨柳依依，波光粼粼，陪伴着这座城市。大概正是因为有了古老的铁路，有自来水厂，还有老电厂的相伴，它才得以安然留存到今天吧。

20世纪八九十年代的庆春街

"横贯线"庆春路
——"杭州华尔街"之风云

　　庆春路是杭州城区一条古老的道路，也是全城第一条通汽车的道路，如今还是杭州市上城区、拱墅区（原上城区）的区界路。路之北，是拱墅区；路之南，乃上城区。这条路一头直达钱江新城与钱塘江，一头连通西湖，可谓杭州这座城市从"西湖时代"迈向"钱塘江时代"的见证者。

　　庆春路历史悠久，唐代已成市廛；宋时名昌乐坊、兴德坊、兴庆坊（俗称荐桥巷）、盐桥巷、前洋街巷……路名都是一截子一截子的，并未连成一条。到清末民初，将盐桥大街（中山北路至新华路口）、菜市桥大街（新华路口至建国北路）、庆春大街（建国北路至庆春门）等路段合称为庆春街；众安桥以西原为旗营，民国初期拆营（城墙）建路，初叫钱塘路，后分段改称为众安桥河下、法院路、性存路、小车桥。1964年将从庆春门到小车桥路段统称为庆春路，以古庆春门而得名。1966年改名青春路。1981年庆春门外直街并入，复称庆春路。

左图：庆春路

右图：庆春瓦肆

　　新中国成立前，这里已为杭州繁华的街路之一，水陆交通直达，商业繁荣，店铺林立，人来人往非常热闹。1991年，杭州市政府决定将庆春路全线拓宽，西延至环城西路，东延至秋涛路。建成后，路面平坦宽敞，路边高楼矗立，显示出现代城市建筑的风范。1997年起，庆春路东段多次向东延伸；2004年9月，延至富春路，连接庆春路过江隧道；2010年底过江隧道开通，这条路一直南连萧山区心北路。作为杭州第一条过江隧道，其开通真正是让杭州从"西湖时代"跨到了"钱塘江时代"。

　　20世纪80年代以后，庆春路成为杭州市的金融中心——杭州经济的命脉，此路也有了"杭州华尔街"之称。美国的华尔街，短短500米的一条街，驻扎着大名鼎鼎的纽约证券交易所、洛克菲勒财团、摩根财团等世界顶尖国际金融机构，也正是这些尖端城市金融资源的高度集中，才让这个地方成了一个信息大磁场，影响着全世界。

　　而沿着庆春路这一条金融之路，不仅有中国银行、中国建设银行、花旗银行、汇丰银行、东亚银行、恒生银行以及各大证券、保险公司等国内外数十家金融机构，还有电信、媒体、科技等各类集团公司都在此聚集。能够占据这条路上最核心的位置，那无异于抓住了杭州金融界"蝴蝶效应"的魔杖。可以说，这里的一举一动，也牵动着整个杭州资本市场的经济神经。

东方的文艺复兴
——南宋文化之命脉

庆春路上有一座菜市桥，始建年代已不可考，因毗邻庆春门，明代也曾唤作庆春桥。桥南有瓦子巷，因南宋时的东瓦子而得名。

瓦子，即今之娱乐城，瓦子里设固定演出场所即"勾栏"，少的两三个，多则十多个。瓦子内有固定戏班，从早到晚上演各种演出，包括歌舞、杂技、傀儡戏、皮影戏、相扑、蹴鞠、说书等，总之，百戏竞演，观者如云。南宋时，杭城最大的瓦子有大瓦子、北瓦子、东瓦子，据《武林旧事》记载，杭州当时的瓦子少说也有二十多处，这还不算在街头巷尾坊间空地做露天表演的艺人。

"一勺西湖水。渡江来，百年歌舞，百年醑醉。"这是宋人对杭州娱乐业繁荣景象的感慨。民间如此，因为有政府的引领。

作家许丽虹曾在一篇文章中写道：800多年前，在望江门一带，有座令后人遐思无限的画院——南宋画院。南宋画院存在100多年，有姓名可考的画家有120多人，佳作如云。这些作品，历经天灾人祸，大凡留存下来的，都被各大博物馆争相收藏。其实，北京故宫博物院、台北"故宫博物院"收藏的只是一部分，还有很多散落到了世界各地。

我们今人的印象，多以南宋羸弱不堪、苟延残喘为基调，想象一个水深火热、灾难深重的社会图景。事实上，南宋历经九位帝王，凡152年，虽偏安于淮水以南，却是中国历史上经济、科技最发达，对外贸易和对外开放程度较高，文化极为兴盛的一个王朝。

南宋是古代中国学术思想的巅峰时期。日本学者将宋代称为"东方的文艺复兴时代"。著名华裔学者刘子健认为：此后中国近800年来，是以南宋文化为模式，以江浙一带为重点，形成了更加富有中国气派、中国风格的文化。

南宋是古代中国文学艺术的鼎盛时期。宋词在南宋达到鼎盛，著名词人有辛弃疾、李清照、陆游等。宋诗在唐诗之后另辟蹊径，达至繁荣，开拓了宋诗新境界，其影响一直延续到清末民初。此外，南宋话本小说的出现，标志着中国小说的发展已进入到了一个新的阶段。而南宋戏文的出现也标志着中国古代戏曲艺术的成熟，为中国戏剧的发展奠定了雄厚的基础。

还有极重要的是，南宋是中国绘画史上的鼎盛时期。有研究者认为："吾国画法，至宋而始全。"

现在，让我们从所站的潮鸣地块抬起头来，拨开历史尘烟，望向望江门一带的南宋画院。那是北宋灭亡多年后，在离德寿宫不远的望江门，赵构又建起的一座画院。

彼时，从未有过一个朝代如此尊重画家。徐书城在《宋代绘画史》说："南宋宫廷画家的待遇比宣和时期又有进一步的提高。综观北宋画院，除个别情况外，一般宫廷画家的身份基本上形同工伎。徽宗时虽有'独许书画院出职人员佩鱼'等礼遇的措施，稍稍改变了宫廷画家的地位，但依然不能同一般的朝廷命官相提并论。……但是，到了南宋，画院画家的待遇便明显超过了北宋时期，尤其是'赐金带'的特殊待遇，在画院历史上更是史无前例的事。"

南宋画院在高宗、孝宗和光宗、宁宗时期，都具有相当大的规模，且人才辈出。据《梦粱录》《武林旧事》等记载，南宋画院画家的作品，散落在了这个城市日常生活的方方面面。茶肆酒楼，屏风画帐，几乎到处可见画家们的作品：画阁、画廊、画堂、画舫、画檐、画屏、画帘、画楼、画馆、画栏……

正如许丽虹所言："南宋画家的画，不是挂在博物馆里的。而是投射在各种生活器具上，融化在市民的日常生活里……800多年前，南宋画院的画家们在这个城市撒播了一批高质量的美的种子，而市民们则是肥沃的土壤，吸收它们，养育它们，流传它们……"

是的，800多年来，江浙的人们依然受南宋文化艺术血脉的滋养，书写着中国气派、中国风格的文化篇章。

建筑解析

与世界共潮鸣

Responding to the World

更多时候，人们不是想要一座房子，而是想要一种生活。

凤归兮，潮鸣兮。凤起潮鸣，是引领，是旗舰，是世界级高端生活展翅落地，是南宋古都与现代杭州齐奏的交响乐。

现代的杭州，世界的潮鸣。巨星联手打造凤起潮鸣，正是要展现国际视野，引领未来生活。建筑是生活的容器，而生活，将永远是绿城呈现的最美作品。凤起潮鸣的意义，就在于让人们的目光聚焦到比房子，甚至是比生活更高的地方去——它让你看到人生理想的那个精神向度。

与时代共舞台·一切的出发

"潮鸣独一无二之处，是它的永恒，且历久弥新，正如同建筑本身。"

贴沙河边，风云再起，怎样能够"一日看尽长安花"？

1420年，有个名叫盖耶速丁的波斯人，在旅行日记中写道：全世界的高级木工、铁匠和画家都应该去欣赏该建筑，以便向中国艺术家学习。"该建筑"指的是一座距今已有1000多年历史的古代"木塔"。但这里不说木塔，说说600年前的波斯人与2017年集结在凤起潮鸣项目的来自世界各地的顶级设计师们，他们之间对中国艺术的欣赏与默契穿越时空，在一条河流的上空变幻出一座流光溢彩的舞台——凤起潮鸣。

2016年，当国际巨匠们为它而来时，即使站在刚开工不久的工地上，他们仍然能感觉到脚下土地的历史，厚重如踏黄金。

这个时代，人们想要什么样的生活？这样的问题，一直萦绕在绿城人的脑海中。

很显然，我们身处的这个时代早已今非昔比。这是一个与过去的1000年、100年，甚至10年，都截然不同的时代。

今天站在这里，面对杭州城市老十门之内的凤起潮鸣项目，营造者们想要在脑海中勾勒的，绝不只是一片房子那么简单。

杭州凤起潮鸣

"它"是什么？"它"将会是什么？

G20峰会已经开过，这座城市已经张开向世界起飞的翅膀。而这座城市有着辉煌的过去——从盛唐的生长到南宋的高峰，从马可·波罗感叹的"华美之天城"到今日屹立于世界的优美之城，它自身又承载着源远流长并已然沉淀下来的丰厚的生活文明与精神遗产，到今天，当它行走到21世纪，我们应该为它交出一座什么样的地标，才足以镌刻在这座城市的文化史、生活史、精神史上？

于是，绿城人把凤起潮鸣在全球的居住地域上进行定位，在数千年杭州或江南生活的时间域上进行定位。人们想要什么？要的仅仅是一间房子吗，还是别的什么？这是一个极其重要的课题，是在一片地域之上建筑的一砖一瓦都没有进来的时候就要思考的问题。

英国CDS设计的凤起潮鸣公寓

绿城是与这座城市的历史、人文、生活结为一体的一家企业，不仅构建美丽的建筑，更创造美好的生活。绿城认为"建筑是理想生活的容器"，而凤起潮鸣既是对东方传统审美的继承，也是对城市温润雅致的物化。

于是，绿城建筑设计院的设计师们可谓动足了脑筋。他们从整体建筑规划入手，在中式宅邸的产品升级、城市公寓的设计营造等多个层面做了全面的创新提升设计。同时，凤起潮鸣还邀集了英国CDS（Carlisle Design Studio）、新加坡BF（Burega Farnell）、日本植弥加藤造园株式会社等国际化团队，可谓阵容空前强大。取法极致，得乎其上。这样的国际巨匠联袂，代表了绿城高端项目研发的全新高度，让凤起潮鸣能够以现代理念和国际视角全新诠释东方建筑美学。

CDS的设计总监马修·卡莱尔（Matthew Carlise）与绿城的合作，就是两种不同设计风格的融合，不久以后，即使从途经凤起路的车上一瞥，也能让人们同时饱览中式经典和现代风情。

设计师相信，这两种不同设计风格的组合呈现，将使得传统中式的人居理念与西方现代生活风尚互相融合贯通，并由此迸发出新的动力。这也是让全球著名的CDS选择潮鸣的理由——"我们乐于进行新的不同尝试，未来可能就有机会设计更多具有中国影响力的项目"。

新加坡BF设计的凤起潮鸣公寓

年龄稍长的BF首席设计师理查德·法内尔（Richard Farnell）则为潮鸣带来了他的见解：独一无二，历久弥新。这是一位在亚洲从业多年的西方设计师与东方古城的共鸣，这共鸣几乎是中国式的。因为在中国，在杭州，在老十门内，许多古建筑消失了，就像脚下这片3.5万平方米的地块，当年的煌煌王府、钟鼎之家早已不在，如今木瓦栋梁代之以玻璃钢铁，但这新的仍是旧的，现代的仍是传统的，就像西湖边那塔，再过千年也还是雷峰塔。

在这丹居之地，法内尔先生可以高兴地告诉杭州——BF为潮鸣的住宅体验增加了优雅的国际范儿，同时BF也很高兴能分享自己的经验，他们会成为绿城建筑与风景之间的纽带，在内部住宅和外部环境中达成一种完美的融合。

BF首席设计师理查德·法内尔

杭州凤起潮鸣生活美学馆外观

　　也许日本造园艺术家加藤嘉基先生的承诺，更符合东方兄弟般的相处之道：
牵手，亲为。身负着160多年的家族造园历史，加藤把潮鸣景观设计视为源头与回
归。加藤团队与绿城团队牵手同行，历时数月，走公园，访名胜，太子湾里看山
水，曲院风荷听鸟鸣，太湖源上寻石头，山林深处找树木……"想要在某种意义
上实现真正的杭州"的设计理念早已如树木般根植于心。想要将杭州的人文气息
融入潮鸣项目中，加藤认为设计的挑战难度集中在：既要利用日本的设计法则，
又要兼顾中国园林的特质和杭州的城市性格，创造出令人耳目一新的庭院。

　　"庭院设计完成的初期，其实才是最不完整的时期，只有当业主能切身体会到
我们希望传达的美，这一过程才算真正的完成。正如现代的我们能够对杭州历史感
同身受，我们希望也能向未来的人们传达现代杭州的魅力。"

　　这，也正是大家想要的——现代的杭州、世界的潮鸣；这，也正是凤起潮鸣营
造的起点，一切的出发点。

杭州凤起潮鸣生活美学馆内部

与潮鸣共畅享·居住的本义

"一切的行云流水，只为尽情享受生活。"

但，归根到底，房子是拿来住的。

探析当代居住需求，人们对于居住建筑有哪一些根本的、最重要的要求？我们能不能把这些要求扎扎实实地落实、呈现在凤起潮鸣的每一个细节中？

2016年潮鸣拍地的锤声犹响在耳际，400个日日夜夜，他们如凤凰涅槃，经历着500年生命的烈火，正在炽焰里诞生出一个优雅华贵、往日重来的凤起潮鸣。

在环城北路与珠碧二弄相交的路口，我们走进项目生活美学馆，中日合璧的核心主景观庭院掀开了凤起潮鸣时代美学之作的帷幕——石、水、树、雾……江南烟

杭州凤起潮鸣合院

雨升腾缥缈；竹径通幽，若云若影；一座古今相承的杭州庭园，以起承转合的营造手法，呈现出东方极致、多重的美学意境。

  "房子是给人住的，给人住才是终极目的。你看马修说，他创造的不是房子，是生活方式。"凤起潮鸣项目副总经理林伶女士指着桌上摆放的林林总总继续说，"这种生活方式的展示，让人们来这里不光是看到好房子，更是看到能够生活在其中的未来场景。"

2017年的绿城中国，回归建筑企业的生命本质——理想生活综合服务商，以新的生命姿态，面对未来的20年、50年、100年……

再往里深入，我们就可以触及居住的深意。

比如，安全。

安全永远是首要的。在潮鸣，细节科技转化为人居智慧，通过周界报警系统、园区一卡通、智能停车场管理、人脸识别门禁、智能梯控、智能门锁、户内安保系统、电子巡更、视频监控系统、热成像摄影机等，为业主营造十重智能化设计的智慧安防。

在此之外，城市公寓的入户门采用的是大气坚固的装甲门，这是在别的地方所罕见的配置；每一户都设有保险箱，中式宅邸和城市公寓部分大户型甚至还配备了密室，有效提升专属私享的安全保障。更有独具匠心的安全考虑，隐藏在一个个细节的设计之中。

其次，舒适。

舒适二字，说起来简单，其实真正要达到的境界是至高的。房子是为居住服务的：人置身其中，消磨掉人生许多的光阴，它所涉及的方方面面都要舒适才好。静音、净水、空气质量——这三大舒适性能体系，是让人享受到静谧、纯净、愉悦的居住环境的基础。

拿房子对声音的处理举个例子。老十门内最后一片住宅建筑群，身处繁华闹市区，如何闹中取静，把喧嚣尽可能屏挡？绿城为此聘请专业声学顾问团队，从早高峰到子夜时，从街头、街中到巷尾，纵横交错，设点测试声环境，针对户内外活动、机电设备、管线敷设、外部道路甚至地铁等噪音源，制订专业综合降噪方案，使户内声环境达到最为舒适的状态，让人尽情享受与家人在一起的静谧时光。

舒适，体现在凤起潮鸣对于所有细节的精益求精，他们所选用的品牌都是世界顶尖的国际品牌，如嘉格纳厨房电器、卡德维浴缸。这里还有瑞士劳芬、德国当代、美国卡利斯塔等精装修品牌，正是设计师法内尔先生所说的"为你量身定制的国际范儿"。

舒适，还体现在居住空间设计时的人性化以及对于收纳哲学的深入骨髓的理解与应用。传统的豪宅，人们印象里是对面积的奢侈浪费，但现在，即使是200多平方米的户型，设计师依然把收纳的哲学发挥到令人欣慰的地步。物物都有所归置，有自己应处之所，甚至按照日常使用频率，分置出当天、当周、当季、过季所用的鞋柜、衣柜空间等，其人性化与高体贴度真是令人愉快。此外，对于收纳空间的材料质感、空气质量、灯光照明等细微体验都有周到考量。

是的，正是无数次对居住需求的刨根问底，才得出这些居住的本义。大巧不工，上善若水，人居其间才知道一切的行云流水背后藏了多少的匠心。

杭州凤起潮鸣

与你我共生活·精神的向度

"在这里看见人生理想的样子。"

凝固艺术的美丽建筑,承载理想的美好生活。

看见潮鸣,看见生活,看见美好。这是绿城人全力以赴的追求。凤起潮鸣项目副总经理林伶是最早的一批绿城人,一路与美丽的房子相伴成长,也曾遨游四海看遍世界名胜。"还是中国,还是绿城。从第一幢桃花源到这里的老十门,我们从城市的边缘地带走到了城市中心。"目前江南里已收获盛誉美名,她和团队又英气勃勃转战凤起潮鸣。"绿城每走一步,都向生活近一步。"过去学习造好房子,现在学习造好生活。当年人们带着一拉杆箱的现金来买房,现在人们带着内心对美好生活的憧憬选房,客户群体的变化是时代发展的见证。

"潮鸣这个项目,正是绿城造生活的落地目标,营造团队整合国际大师合筑,

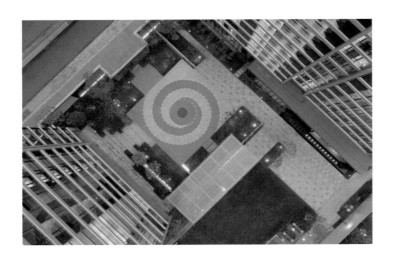

杭州凤起潮鸣景观

绿城设计院王宇虹、杨明、张微和蒋愈四大合伙人联手，如此巨星联袂的阵容，就是想让它体现国际视野，引领杭州的未来生活。"

凤起潮鸣，在一定的意义上不是只满足需求，而是创造需求；它不是顺应潮流，而是引领生活。房子，更像是一个平台，一个契机，是房子忽然向业主提问：你这一生，理想的生活应该是什么样子？凤起潮鸣，就这样把问题引领到业主的精神向度去了。

首先，凤起潮鸣呈现了居住空间的美学。

美学只是视觉吗？或者只是身体的感官享受？院落里漫溢平和宁静的禅意，绿荫下一座石灯笼，在日本它是庭院的守护者，遥遥万里从京都一座百年禅寺运来。小径边不经意遇到的景石，也是来自京都的名贵石材。

设计大师们为凤起潮鸣确定的色系，是以优雅的高级灰和米色调为基础，再配以金属、镜面、木材等元素。样板房的主要材料和部品全部由设计师确定样品，

杭州凤起潮鸣

全球采购。他们无数次飞来亲眼确认每一款产品，石材甚至不看小样看大板。铜门、瓦当、门锁、木饰面、地板等很多部品都为潮鸣定制。除了建材，室内灯具、艺术品等均精心挑选，很大一部分从英国运来。一处处线条的处理，一窗窗风景的呈现，居然都精细到这样的枝节处。在建筑与风景之间，我们看到了那样完美的吻合。而人在居住空间里的设计美学，在凤起潮鸣得以淋漓尽致地体现。

其次，凤起潮鸣呈现了理想生活的美学。

理想生活是什么，绿城人20多年来都在探索与实践。在凤起潮鸣我们总结出以家人为本的"潮鸣六悦"：悦邻、悦享、悦学、悦养、悦园、悦智。

比如悦邻。远亲不如近邻，情的回归是把生活的场拓展到更大的范围中，不再局限于一家之所。绿城的悦潮鸣生活服务团队以家人为连接点，通过举办咖啡、插花、瑜伽等门类丰富的社群活动，以及新年、元宵、中秋等邻里节庆活动，让志同道合的人一起焕发生活的光彩，共绘彼此间的温情时刻。

凤起潮鸣作为绿城中国当期高端项目的代表作品，通过前期客户服务需求调研和对高端人群生活方式的深入研讨，与绿城物业、黄龙饭店等品牌服务展开深入合作，聚力生活服务营造，将"潮鸣六悦"生活服务体系落地实践，园区内设置了悦学馆、悦享吧、悦邻坊、悦养屋、悦智园、车管家等配套空间，实现书吧阅览、咖啡休闲、花艺课堂、共享会客、私宴服务、瑜伽课堂、游泳健身、儿童游乐、汽车美容等丰富生活场景，形成不断迭新与自我生长的蓝本。

值得一提的是，2020年11月，杭州成为全国首个以地方立法形式规范公共场所自动体外除颤器（AED）配置和使用的城市，而凤起潮鸣AED系统在交付时已同步完成落地安装。通过关键点位的布局，可在最佳抢救时间"黄金4分钟"内，对患者进行心肺复苏，形成覆盖整个小区的安全网。

我们有理由相信，凤起潮鸣将会建设为温暖、自治、和谐、健康、安心的高端社区，而安享其中的业主们，又会真正感受到生活之美，由此思考人生的意义，以及看见理想生活的样子。

马修·卡莱尔　凤起潮鸣室内设计师，英国
CDS*合伙创始人，曾操刀海德公园一号设计

营造者说

我们做的，是一个家

What We're Doing Is a Comfortable and Cozy Home for Everyone

HOME：《HOME绿城》　卡莱尔：马修·卡莱尔

HOME：非常感谢你为杭州带来了这样美丽的室内设计。CDS有许多世界级的合作伙伴，我们想知道你在中国这个项目的工作中，对与绿城团队的合作有怎样的评价？

卡莱尔：与绿城的合作非常成功，我得说这是两个专业团队之间的合作，我们能充分沟通并交流意见，我们互相学习并聆听彼此想法，加上绿城对于完美工艺有着同样的追求，才有现在的设计呈现。

....

* 英国CDS是世界顶级豪宅设计团队，专业提供个性化和定制服务，室内设计专注于创造真正独特的解决方案。在所有业务部门的合作中以专业知识的广度，确保建筑、室内设计、家具和穿衣搭配完美结合，创造美丽世界一流的性能。

HOME：你这次在中国一座古城的市中心设计住宅，这与之前的设计定位有没有不同？

卡莱尔：我们对项目是有要求的，一直以来我们合作的项目也都是在城市中心，但潮鸣不论从地理位置、历史厚度还是文化内涵上来说，对我们团队都具有挑战性和吸引力。我们曾与很多国际知名开发商合作，但这个项目对我们来说是一个机遇，这儿不仅有珍贵的历史，还有绿城团队，他们从建筑到室内甚至到业态的规划都有非常高的标准。而我们擅长不同建筑的室内设计，潮鸣这样既有中式宅邸又有城市公寓的产品很典型，结合现代与古典、东方和西方的设计也很有前瞻性，符合我们公司的战略定位。

HOME：这是你第一次来杭州工作，那么在凤起潮鸣的设计过程中，你遇到过困难吗？

卡莱尔：我们在全球的工作中都会遇到一些问题，但都不能称为困难。每个地域有它的局限性，比如在这里我想要实现我的设计，就会对所有材料进行仔细核对，可能你都没发现，光这间客厅就有30多种材料，而且它的所有色调、家具、设计都是很和谐的，那这种和谐需要设计师花更多心思，协调来自世界各地的材料。

在欧洲国家，所有东西都是工业化的，去工厂就能找到想要的，但在中国，很多需要定制或现场制作，这对我们也是一个学习的过程，我们尽力适应当地文化和工艺，把产品做到最好。

HOME：现在你和潮鸣工作人员都成了朋友，可以和我们分享一下你在这儿感到有趣的事吗？

卡莱尔：当然。我很惊讶并且很敬佩你们团队对于客户的了解，有趣的是，这些客户不是已知的。我们之前与客户交流都是一对一、面对面的，客户的喜好、诉求直接传达给我们。但是潮鸣这个设计不能面对客户，我起初很困惑，觉得难把握；是他们帮助了我。这是我没有经历过的，也是我觉得非常好的一件事情。

HOME：很荣幸，刚刚参观欣赏了你设计的样板房，样板在汉语里有引导的意思，你希望你的作品能给人怎样的引导？

卡莱尔：我是一个国际化的设计师，我尊重项目的文化，也尊重绿城的文化，包括建筑师的建筑语言，这些都已经在这里了。对于室内设计师来说，我所要做的就是把这些文化、语言结合，然后用我自己更现代、更经典的方式，把不同的设计理念、材料相结合。好的设计并没有一个固定的风格或者潮流，而是一种奢华的、经典的生活方式，这样才不会被淘汰。

我的设计有多重理念的主题，首先是尊重项目的历史地位、地块的价值，用不同的细节设计来营造不同的生活方式。我想告诉大家，我们在这里做的，不是一个样板房，而是一个家，是让家的空间更舒适，让居住者感受到，每一样设计都是为生活服务的。我们正在实现这个目标，就像我说过的那样，我也愿意在此享受人生。

杭州凤起潮鸣中式合院手稿图

加藤嘉基（第八代御用庭师）　凤起潮鸣生活美
学馆景观设计主创、日本植弥加藤造园株式会社*
设计师

营造者说

造园的核心理念是打动人心

The Core Concept of Architecture Is to Touch
the Hearts of People

HOME：《HOME绿城》　加藤：加藤嘉基

HOME：听说加藤造园是第一次来中国做房产景观项目，那在接受绿城邀请的时候，
有什么想法？

加藤：我们觉得做这个项目是一种缘分，绿城能理解我们的设计理念，也满意我们设计
的作品，这是我们来做这个项目的初衷。如果以后还有这样的业主，我们很愿意再来中
国合作。

....

* 日本植弥加藤造园株式会社创立于1848年，至今已有第八代传人，是一个真正的专业匠人团队。在保持160多年优良传
统的同时，运用最新的技术和敏感性、审美观，去准确地理解并满足客户的希望与需求，提供最专业的高品质服务。

HOME：中国也有很多的庭院设计，你们是以什么样的风格和理念来做潮鸣的景观的？

加藤：日式庭院设计原本是从中国传过去的，因此它们其实是一脉相承的。从日本的平安时代、你们的唐朝开始，中国庭院思想就已经传到日本，后来在日本有独到的发展，但其实我们是在同样的土壤中成长起来的。说到风格，日式景观追求的这种安静、禅意的感觉，和中国也是共通的。中国是日本的老师，我们从中国学到了很多。

HOME：你们家族企业已经到第八代了，160多年来，家族每代人都是做这个的吗？这样的坚持，是有什么样的心愿在里面？祖辈对你们有什么样的要求和影响？

加藤：我们也不是所有的人都在从事这个行业，只是一直有人继承，我们这一辈兄弟三个都喜欢做景观造园。要求认真做好每一件事情这确实有来自祖辈的影响。父子也是师徒，我们跟着父亲学，也看到爷爷如何教父亲，不是一代更新一代，而是一代传承一代。

HOME：随着时代变化，客户以及他们的审美标准都不一样，那造园技术在传承中有没有创新呢？

加藤：公司当然随着时代的变化在进步，但我们坚持的日式庭院的精神是不会变的，还有听取业主的意见，按照他们的想法来设计，这点也不会变。日本平安时代有一本书叫《作庭记》，是我们造园人最基础的书，里面有一句话就是"要按照主人的意见来造园"。

HOME：日本造园服务业，坚持什么样的精神理念？潮鸣景观园林中又有哪些新意？

加藤：日式庭院最主要的核心理念是让人感动，它是打动人心的庭院。我们尝试不同的新的造园方法，就像绿城这个项目，它并不是简单的传统庭院。我们的设计理念，强调以五官感受这个空间，用耳去听，用眼去看，用鼻去闻……人们在精神上享受这个庭院，同时为庭院而感动。这不是一个纯正的日式或中式庭院，但这是能让人感受到安静，并欣赏、享受、喜欢的庭院，这就是我们在潮鸣创新的地方。

HOME：所以我们看到了一个没有自我局限，自然生动又丰富宁静的东方庭院，就像这中式宅邸庭前水流的音量，如此恰到好处。据说加藤先生曾经无数次调整过？

加藤：是的，我也多次在山泉小溪边观察，想做出涓涓细流的感觉，这样坐在庭前可以听很久。庭院流水的速度，就是能够让小鸟停下来喝水那样。我们师法自然，如在景观设计中慎用开花的树，以树叶四季色系变化来表达季节的转换，你看那棵羽毛枫，就非常柔美。在日本京都，先辈做的虹夕诺雅度假村的红叶枫，已经灿烂100年了。

HOME：坐在这个中式院子里，咫尺山水间，真的是好亲切。那边围墙对角处是一座日式小茶亭，听说这亭盖上面的竹子，两边的柱子、凳子，还有这沙发边的竹筒水景观，都是加藤先生亲手做的，你在造园中都是这样亲力亲为吗？据说你对材料标准也非常苛求，还说石头会笑，这是为什么呢？

加藤：所以加藤造园的接班人都是男孩啊（笑），搬石头，扎竹子，这些我们基本都要做，有些是我们先做，让工人来看，然后工人来做，始终坚持这样的一个标准。比如像这种堆石，我们都是一块块看过的。

　　石头当然会笑，每块石头都有不同的表情啊。我们挑石头不能挑完全圆的，表面没有纹样的，因为这种石头是无趣的。当时潮鸣找不到有脸的石头，于是我让他们带我到乡村大河的上游去，那里的大石头经过长年冲刷，果然坑洼不平，表面有很多表情，很漂亮。每一棵树也都是我们挑选修剪的……

最后我们非常坚持的是，庭院做好了，并不意味着大功告成了，因为它是有生命的，是一直在生长的东西，会发生变化。所以造园人说，四分造园，六分养园，只有做好养护，庭院才能做到十分。

HOME：加藤先生喜欢潮鸣吗？与绿城团队合作愉快吗？

加藤：非常喜欢。从潮鸣远眺，可以看到山水融合宛如水墨画般的独特魅力，我想设计师的任务就是要让这份魅力更好地呈现，要将杭州的历史文化、人文情怀囊括其中。我很开心能与绿城愉快合作，造园过程中我们会和很多单位一起讨论，这种工作方式非常好。在这里设计有新的尝试，所有施工单位都很努力地帮我们去实现，石材也加工得非常漂亮。有时会在夜间施工，他们也都来配合，这让我们看到了大家想做好这个项目的诚心，非常感动。

〔本单元内容原载于《HOME绿城》第113期，2016年；第125期，2017年。有修改〕

Part 06

春风又绿江南岸

桂语江南

The Breeze Brings Spring to the Southern Bank of Qiantang River

绿城九龙仓·杭州桂语江南

地理位置：浙江省杭州市萧山区博奥路与启迪路交叉口

占地面积：约2.7万平方米

建筑面积：约10.9万平方米

建筑形态：公寓、叠墅

开工时间：2016年10月

交付时间：2020年6月

建筑设计：GOA大象建筑设计有限公司

景观设计：上海大器景观设计有限公司

施工单位：浙江振丰建筑设计有限公司

The Breeze Brings Spring
to the Southern Bank
of Qiantang River

桂语江南

春风又绿江南岸

世界凝视下，
杭州这座城市已开启拥江发展的时代。
钱塘江南岸，
一股积蓄已久的新鲜力量正在勃发。

人文·地脉

万物生长时

It's Time for Everything to Grow

　　杭州一直都在"登峰造极"，它用开放打开了"西湖时代"，用跨越打开了"钱塘江时代"，用国际化打开了"跨江发展时代"，又用亚运会打开了"奥体核心时代"。几千年的生命轮回和季节更替，青山茂林、浩荡江水亘古不变，起自蛮荒的钱塘江大潮，给予这座城市强大的生命力。

　　万物生长，是杭州这座城市的正在进行时。从8000年前萧山跨湖桥的独木舟，秦皇时代灵隐山下的小村落，到唐风宋雨滋养的西湖，从小如腰鼓的古杭城，到今天跃居为江浙沪地区市区陆域面积最大的城市。

　　万物生长，绿城也在不断生长。起步于杭州的绿城，从最初以建筑营造城市的美丽，到如今用心营造生活的美好，走过了20余年的光阴。我们所见的，是绿城把根系深扎大地，在全国近200座城市根脉相连，营造近1000座美丽家园，业主群体超55万户、近180万人。生活的理想就是理想的生活，绿城终究得以将对生活的珍视，对美好的坚持，在这片土地上生根发芽，而后枝繁叶茂。

　　万物生长，春风又绿江南岸。钱塘江之南，奥体板块，天时、地利、人和，生长出一个千载难逢的机缘。一座城市积蓄的新鲜力量，一家企业厚积薄发的创造激情，一片沃土涌动的生长力量，在这里孕育出亮丽的身影——桂语江南。桂花代表绿城经时间沉淀的经典与优雅，江南则是春风再度吹绿的钱塘江南岸。桂语江南首创了七层空中叠墅，又一次体现了绿城所代表的上天入地的格局。

　　又一个春天，一江春水再起新潮。

杭州是一座"一切皆有可能"的城市，它既古老又现代，既诗意又动感，既繁华又舒缓，它几乎能满足你对"向上生长"的全部想象，却又不能穷尽你对"美好生活"的所有可能。桂语江南，就是例证。根系深扎泥土，枝叶向天空延展。它的爆发力与巨大能量令人惊叹。2016年一场盛大的G20峰会，2022年那场可期的亚运会，把杭州推到世界的中央；而我们尚未可知——那些闪亮的日子，那些明媚的花朵，那灿烂天空下一个又一个美妙的细节，将怎样盛放在杭州这件华服的领口。对绿城来说，这无疑是一个美好的机遇。

钱塘江南岸，那杭州面向世界的封面，世界焦点下的杭州会客厅正缓缓开启。此时此刻，如果你把目光聚焦在一片叫"奥体"的区域地块，和一片叫作"桂语江南"建筑群之上，你会发现，所有的喧哗与热闹，所有的生长和绽放，都忽然有了绝好的诠释与注解——它已成为一道生活家的精神标杆，亦是一个世界级的居住样板。

建筑解析

这是一座城市的生长样板

It Is a Sample of the Development of Cities

杭州桂语江南（鸟瞰图）

当我们细察这片风景，看见它根植于城市沃土的生长

> 任何有机建筑的本质都是从它的场地中破土而出，成长起来的。大地本身就是建筑物的基本组成构件。
>
> ——弗兰克·劳埃德·赖特（世界建筑大师）

城市是一个巨大的生长空间，日新月异。当时间走到今天，绿城，已经用它20余年的成长，把自己的使命与一座城市的使命如此紧密地连接在了一起。从一座城市，到百余座城市，它把城市的辉煌化为每一个个体的居住日常。当我们谈论时代与城市，谈论大地与风景，往往容易陷入宏大叙事，但当我们把目光收回，便可以清晰地看见每一个房间里生活者的面孔。

有人说，绿城造的房子，似乎永远有月光下的诗意，柔软而宁静。

今天，时代赋予奥体以使命，亦赋予绿城以责任。在奥体这样一个杭州的封面作品上，绿城为它淋漓尽致地描画了一幅桂语江南图。

桂语江南，无论对于奥体还是对于绿城，都体现了这座城市的前瞻性，也体现出产品的前瞻性。这双重的价值引领，是营造者们开创的。

作为绿城中国开创性的首个三叠墅以及具有现代意义的高层建筑，桂语江南在奥体板块以其稀缺性立即博得众多眼球，得到了市场的热烈追捧。但对于绿城中国来说，胸怀和抱负早已超越眼前的商业——他们意欲营造一个作品，足以配得上这个时代、这座城市所托付的荣光。

由此，我们将看到在钱塘江之南、奥体板块，这个从大地上生长出来的作品。它是根植于城市沃土生长的，亦是时代的产物，更是大地的风景。用绿城自己的话说，它是"如同自然一样，蕴含着生机与活力的作品；由于它的哲理远远超越了任何代表某种流派的典型的形式，因此很难给它定义"。

当我们谈论豪宅时，我们在谈些什么

奢华的家要有安静的感觉，触动心灵深处。

——安藤忠雄（世界建筑大师）

生活发展到今天，人对物质世界的要求已然不可同日而语。绿城人面对桂语江南这样一个地块，首先研究的是住宅，尤其是豪宅。

这里的"豪宅"指的是更加精致美好、更符合生活需求的"住所"。而"豪宅"本身也经历了一个生长过程。

当代的豪宅一定是根植于实用主义的。原先，一讲豪宅就想到豪华的装饰、酒店大堂般的门厅、超大的卧室等。但现在，豪宅更关注的是公共空间与活动空间让人舒适与否，阳台的功能，或者有没有各种各样的休闲空间。生活的需求发生了变化，豪宅的设计必然跟着生活一起改变。

日本收纳设计专家小岛弘章坚信：好的收纳空间可以对人的心情产生正向影响，能够真正提高人们的生活品质。桂语江南的收纳文化，是一种由内向外、有序生活的美学，让每一个分区的功能更具有便捷性、专有性、独特性。它根据家庭的所有成长可能性设计了弹性的收纳方案，满足不同需求。比如考虑到孩童，衣柜中开辟一块可调整的、触手可及的区域，在孩子成长的同时，空间也在一起成长。考虑到老人会偶尔过来小住，在衣柜收纳中也设计了符合老年人配件物品的收纳空间。让飘窗窗台的高度比普通高度降低15厘米，使之成为一个飘窗收纳系统，在这里可以设置榻榻米式阳光阅读区、品茗区，沐浴更多的阳光。由此，桂语江南写出了自己的一套"收纳哲学"。

杭州桂语江南

　　绿城已经将从传统意义上所谓的豪迈大气的豪宅类型，进化为人性化、精细化、功用化的新豪宅类型，这几乎可以算作是一个房产公司深入剖析人性与人心，观照后反映到产品之上的里程碑。

　　老舍曾说，北京的美在于"空"。这"空"指的是院落，也是空间。院落（空间）里面有树、鸟，还有生活和情感。建筑是一个生活的地方，而生活当以实用为第一要义。

　　当代的豪宅一定是融入了美学功能的。与实用性相比，豪宅的当代性呈现了人们对当下生活和自身发展理想化的极致追求，也即美学意义。

如果只是要一个遮风挡雨的地方，人们大可以选择在宾馆过夜；如果是为了追求舒适与惬意，只要住进豪华别墅酒店即可以得到满足。但当消费升级之后，人们开始对具有独特个性与气质的民宿趋之若鹜，民宿产业方兴未艾。很多人不辞辛苦、跋山涉水，只为看一眼敝风漏雨的"住吉的长屋"，或者在限研吾的竹屋中静坐片刻。

桂语江南成功地将经典设计与现代生活气息融为一体，实现了建筑美学与生活艺术的高度统一。以SCDA经典作品Nassim Park Residences为建筑设计灵感来源的创新型叠墅在此首次亮相，其时尚、鲜明的线条与周围不规则的自然轮廓形成鲜明对比，并且充分利用自然环境与室内空间各自的长处来平衡建筑风格。从建筑到景观，设计师选取了简约的材料、色彩和质地，让建筑天衣无缝地融合到城市环境当中，真正做到建筑与城市共生长。

当代的豪宅一定是具有全球性视野的。今天，一座城市发展得越快，就越容易与别的城市面貌趋同。然而今天的杭州，却更希望通过大型的公共建筑和城市空间来展示其独特的城市风貌与文化影响力。"这就是我！"以及"这才是我！"成为城市文化的内生性需求。桂语江南的营造者们，也是站在这样的高度来看待建筑的。他们不仅仅是在营造一个小区，更是在营造一件在这座城市经得起历史推敲的艺术品。

这样的公共艺术品一定是由懂它的人所打造的。桂语江南精心选择的国际设计规划团队对于生活品质有着极致的追求。GOA大象建筑设计公司是一家对设计有着严苛标准的公司，其总建筑师孙航为我们呈现了独具特色的建筑风格。来自澳大利亚DAHD景观设计公司的黄国斌先生，被誉为"中国豪宅御用景观设计师"，也在桂语江南的景观设计中，秉承"园林美学"的理念，打造了充满品位、艺术、现代感的城市花园景观。项目足迹遍布全球的伦敦顶尖设计机构HWCD设计公司，也为其进行了室内精装修设计，著名的伦敦海德公园一号和上海汤臣一品等知名设计都出自他们之手。而全屋收纳系统是由日本收纳专家小岛弘章从所有家庭的成长需求出发打造的，其中弹性的收纳方案，让每一个住户由内而外感受到了有序生活的生活美学。

当代的豪宅也一定是强调时代特色的。桂语江南作为在奥体这样一个标志性地块上生长出来的作品，在设计理念上亦体现了"低调的高贵"。这是因为时代不再视浮夸为前卫，不再只重外表，而是更在意居住者的内心与精神空间。

正如世界建筑大师安藤忠雄所说："奢华的家要有安静的感觉，触动心灵深处。"桂语江南的室内设计，将时尚伦敦元素与自然元素相融合，以轻奢灰为主色调，搭配水、绿的元素，打造了一个自然的氛围，同时又能体现专属客户的高贵优雅及精致典雅的生活方式。他们以"低调的高贵"为艺术创作精神，不造作、不浮夸、不喧嚣，以此表达空间自身的时尚态度。

当我们探索叠墅，就是深入它无限趋于美好的未来

如果古典的城市是关于神的，现代的城市是关于资本和权力的，那么未来的城市就是关于人和自然的。

——马岩松（当代著名建筑设计师）

对未来的人而言，最有价值的是窗外的世界。

世界建筑大师弗兰克·劳埃德·赖特，一直坚持"建筑像植物一样生长"的理念。他在自传中写道："威斯康星农场的自然美是人造花园无法相比的，在自然的怀抱中，我纵情地享受欢愉。"

正是如此，当人工智能时代到来，人的许多种劳作都可以被机器所取代，唯有人对自然与外界的感受力无法被取代。来自大自然的活泼、生鲜的第一手体验，将成为人最珍贵的经验。

在桂语江南，"生长"的概念前所未有地被重视和贯穿到整个营造过程中。

首先，生长是一种空间的生活。

如果说建筑设计师、室内设计师搭建好了空间的轮廓，那么"家庭"的回忆和痕迹，则给了人居空间更多内在意义，我们称之为"不断生长的人居空间"。

在桂语江南，最具特色的是绿城中国新创的叠墅。叠墅户型各有亮点，比如边套四房三卫的户型，全明采光，上下两层的开间每层都达到了8.8米。超大的赠送空间包括花园、地下室、夹层面积等。这淋漓尽致地展现了别墅的生长空间，创造了更多可能性，并融入了各种生活场景。

这样的叠墅，在奥体板块生来稀贵。

杭州桂语江南的创新式叠墅

正是因为对自己有不断的超越和创新，绿城才可以走到今天，并仍然在业内引领潮流，成为时尚美学作品的引领者。目前，由桂语江南开创的所有户型，已全部纳入绿城标准化产品库。

其次，生长代表了一种无限趋于美好的未来。

这是一个更注重人性化的时代。在桂语江南，住宅中的人性化设置得以进一步深化与应用，环境系统、声光系统、空气系统、信息系统的四大微环境营造体系为业主全方位提供了人性化的生活体验，并体现在大大小小的细节中。

无限趋于美好的未来，正是处处为居住者提供周到和贴心的便利。这是设计者的用心。桂语江南的室内设计充分考虑了人们的生活所需，加入了更多人性化的设置。总之，一切追求完美。

杭州桂语江南无边镜面泳池

桂语江南在精装修上的高标准，使其精装修设计风格被
确定为集团现代风格标准之一，同时也被同行广为推崇，并
向全国多个城市项目推广。

再次，生长是人与自然科学的深度融洽与和谐。

许多人没有想到，在奥体这样一个地块，绿城会营造出一个拥有私家花园的叠墅。桂语江南独到的营造功力，把自然主义深入贯穿在建筑与生活的每一个细节当中，使人赞叹。

桂语江南拥有绿城打造的约2万平方米的城市公园。一条约1公里的慢步道，可以从小区直达公园，让人在烦嚣挤迫的都市拥抱大自然。园内绿化设计由简洁的直线构成，贯穿整个小区。规整绿篱增强景观次序感，围合形成现代简约的活动空间。绿篱之间控制的20厘米间距，既保证观赏效果，又方便修剪。干净的铺装界面配合简洁的树阵点缀，樱花、金桂、丹桂、银桂分布园区。巷道上点睛的线性水景，充满灵动感。

想象一下，当春风吹拂之时，瓣瓣樱花吹落，使人想起日本俳句大师松尾芭蕉的名句："树下肉丝，菜汤上，飘落樱花瓣。"叠墅两座楼的背侧街区，设置了廊架休息区，廊架一侧通达生态河道，人们可随时出入城市公园。另两幢则独享园中园，构造错位花园，搭配种植紫薇、海棠等乔木，移步景易，四时变换。

此外，桂语江南还有约300平方米的无边镜面泳池。在这里，低头可赏樱花流水，抬头可鉴天光云月，人与自然共荣共生、和谐生长。出门是国际化一线城市——杭州，是世界级的封面——奥体，归家则是一路的繁花似锦，是花影夕光。

这样的生活，在桂语江南都有了，夫复何求？

（本单元内容原载于《HOME绿城》第132期，2018年。有修改）

Part 07

西山燕庐

你好，北京

"东富西贵"的北京城，
山环水抱必有气。
北京之气，气贯长虹；
既为宝地，更待知音。
西山脚下，长安街旁，
营造一个致敬北京的时代封面之作。

人文 · 地脉

西山依旧在，几度烟云红

Things Have Changed as Time Goes By

北京，北京。

沿长安街一路向西，是古韵犹存的西山区域。北京城西，既为宝地，更待知音。

清乾隆十三年（1748年），一支皇家特种部队被抽调至北京城外的西山。

这支据记载"两千人"的部队，在此地接受的特种训练是攻碉堡。

在此前后，乾隆帝命工部在西山方圆十多里的山地上陆续筑起数十碉堡，其状与功能同两千公里外的四川金川碉堡类似。年轻的八旗精锐在此昼夜演习山地战和攻碉战。

这一年年底，这支特种部队随学士傅恒率领的三万人部队再征金川。

之所以说"再征"，是因为乾隆十二年（1747年）四川省的大金川土司叛乱，清军三万人分两路进讨，被据险筑垒的碉堡挡住去路，清军久攻不下。石碉高而坚固，内有水源。一寨一碉，守以数人，竟有一夫当关万夫莫开之势。

37岁的乾隆帝大怒："开国之初，我旗人蹑云梯肉搏而登城者，不可屈指数，以此攻碉，何碉弗克！"

此一回征讨，大军凯旋。

乾隆十四年（1749年）初，大金川土司莎罗奔请降。同年，清廷在两千精兵的基础上建立了健锐云梯营，驻守西山。后又修建团城演武厅，并在健锐营八旗营房中修筑了60多座碉楼。

当年乾隆帝不惜代价两次平金川（第二次平金川发生在1771—1776年），先后投入近60万人力、7000万两白银，有说是为了一举消除明朝汉人与苗人、瑶人诸部

西山秋色

联合以路途遥远的大小金川为最后抵抗基地的可能。

　　时光荏苒，前朝不复，只有金山顶一座仿佛是宫殿庙宇般高大的墙垣遗迹赫然在目。拾级而上，见那墙垣不是房子，是台阶状的石墙，每级高十余米，宽50米，共6级，正是仿四川金川碉楼的碉墙。

　　北京，西山。

　　门头沟区东南部的潭柘山麓，有一座潭柘寺。它始建于西晋永嘉元年，距今已有约1700年的历史。所以在北京有一说法，"先有潭柘寺，后有北京城"。而在门头沟区的马鞍山上，又有一座戒台寺，又称戒坛寺，是一座建于唐代的佛寺。它因拥有中国寺院中最大的戒坛而闻名，同泉州开元寺戒坛、杭州昭庆寺戒坛并称为"中国三大戒坛"。戒坛是佛教寺院向信徒传授戒律的地方，只有大的寺庙才设置。

左图：碉楼，是西山有别于北京任何一处名胜之地的标志。这是乾隆为攻克大小金川而仿建的，意在训练八旗精兵爬云梯，攻城池

右图：皇家寺院之一——潭柘寺，清代康熙皇帝赐名为"岫云禅寺"，但因寺后有龙潭，山上有柘树，故民间一直称为潭柘寺

　　另外，西郊一带还有"三山五园"。这是西郊一带皇家行宫、苑囿的总称，是从康熙皇帝时期至乾隆皇帝时期陆续修建起来的。之后，清朝历代皇帝皆在此地营建行宫别苑。

　　综合起来看，清代康熙、雍正、乾隆三朝，西山的营建到了巅峰时刻：三山五园。三山是香山、玉泉山和万寿山；其上又分别建有静宜园、静明园、清漪园、畅春园和圆明园。这些世所罕见的皇家园林，昭显了西山的非凡。

　　不久，历史又翻过篇去，圆明园被焚，静明园也遭英法联军、八国联军两次焚毁，畅春园改作北大校园，清漪园改名颐和园，静宜园则是今天北京人的情结——香山公园。

　　其实自金元建都北京，皇家皆在西山建各种皇家行宫、苑囿、别墅、寺庙，西山即"北京的后花园"。

　　然而西山又远不止闲情逸致到"后花园"那么简单。

1920年熊希龄创办了香山慈幼院。院内设有幼稚园、小学、师范，推行"学校、家庭、社会"三位一体的教育体制。图为1929年熊希龄与慈幼院学生们的合影

政治

1949年3月23日，中共中央机关离开西柏坡。出发前，毛主席兴奋地对周恩来说："今天是进京的日子，不睡觉也高兴。今天是进京'赶考'嘛！"

"进京赶考"的落脚处便是香山静宜园。

在离开西柏坡至进驻北京城的这段时间里，中共中央即寓居于此。当时北平虽然和平解放，但傅作义的军部还没从中南海撤出，城里一下子安排不了中央机关，只有30余年前熊希龄所建的慈幼院正好可以安置。

1917年9月，河北、北京一带发大水，103个县被淹，635万人受灾。曾任国务总理兼财政总长的熊希龄奉命督办救灾善后事宜，并收养了400余名弃儿。经总统徐世昌与清室内务府商议，将香山静宜园全部房产及园地拨出兴建香山慈幼院予以安置。1948年底，慈幼院迁入城里，为中共中央让出位置。

香山半山腰，一座大型藏式喇嘛庙与众不同：白色条石为基，红色墙身高厚坚固；墙体上方四周，间隔设有藏式梯形壁窗。这是乾隆四十五年（1780年）为接待西藏六世班禅来京而建的行宫——昭庙。

在1949年，进驻昭庙的又是另一支特种部队——密码部队，负责监听破译国民党军队的密码电报。

据说某日郭沫若到香山见过毛泽东后参观古迹，来到昭庙，见大殿里到处都是铺盖，供桌上摆满了饭碗，宫殿增加了灰色的砖墙和玻璃窗，宫殿入口的大门则是灰色木门，同古建筑极不协调，便向毛泽东提了建议。不久，这支部队离开香山，在镶红旗一带建立了最早的军营。

1949年3月25日，毛泽东住进了香山静宜园一公里外的双清别墅。

双清别墅，也正是熊希龄在双清泉边修建的。

熊希龄，与沈从文、黄永玉并称湖南"凤凰三杰"。他22岁中进士，25岁点翰林。1912年3月10日，袁世凯任临时大总统后即委任熊希龄为财政总长，后又任他为热河都统。在清点避暑山庄古物时，熊曾拍卖古物，用于修葺避暑山庄，他在呈文中说："拟请选库内所藏瓷器之稍贵重者，在京、沪等处变卖数十件，如得善价，即可徐图布置。"袁世凯和国务院批示照准。但这一事件后成为挟制熊希龄的把柄。1913年他当选民国第一任民选总理，组成"名流内阁"，名噪一时，但在袁世凯的独裁统治下，被迫签署了解散国民党、解散国会的"大总统令"。而国会刚一解散，他也被迫辞职。

双清泉因香山寺下的两股清泉而得名。据说金章宗到香山赏红叶狩猎，梦到射掉一只大雁，在落雁处挖出了清泉，于是称"梦感泉"；乾隆则将它称为"双清泉"。

各种诗情，到1949年3月25日，则变换成另一种豪气。

1949年4月21日，毛泽东与朱德共同签署进军令，"打过长江去，解放全中国！"4月23日，南京解放。4月29日，毛泽东写下和柳亚子的诗作，"三十一年还旧国，落花时节读华章"——那天，距离他1919年第一次到北平，正好31年。

艺术

1922年早春的一天，梅兰芳与好友齐如山、李释戡、萧紫亭、王幼卿从雨香馆别墅出来，上香山踏青。

在被称为"蛤蟆山"的一处顶峰，梅兰芳一时兴起，在山顶一块大青石上写下一个大大的"梅"字，又在左下角署下"兰芳"二字。李释戡还在"梅"下写了题记，后来请石匠一并镌刻。这一大石，后来人称"五君子刻石""梅石"。

故事的后续似乎更有意思：此事传到熊希龄那里，他找到梅兰芳，戏言道，未经同意擅自刻石要罚款。不过他不要钱，只要请梅兰芳为香山慈幼院筹募基金义演一场戏。梅兰芳自然一口答应，演了一场《宇宙锋》，并将全部收入捐献给了慈幼院。

此时，梅兰芳就在雨香馆别墅小住。

经香山寺，沿盘山道而上，便能寻到香山二十八景之一的雨香馆。以此为名，是因为此处雨景最奇，乾隆皇帝常常至此赏雨，以雨利农桑，命名"雨香"。1860年，雨香馆同香山寺一道，被毁于英法联军之手。石壁上，尚有乾隆御笔"削玉"二字。

香山琉璃塔

民国初，银行家冯幼伟在雨香馆遗址上建雨香馆别墅。冯幼伟是"梅党"，梅兰芳常常应邀在此小住。

香山的碧云寺是梅兰芳与夫人福芝芳时常去的地方，寺内有孙中山的衣冠冢。1961年梅兰芳去世，福芝芳唯一的要求是"不能火化只能土葬"。最终周恩来批示，将存放在故宫博物院的一口阴陈木棺木作价4000元卖给梅家。这口棺木原是为孙中山先生准备的，但孙先生去世后，苏联送来一口水晶棺，它就被闲置了。

梅兰芳最终就葬在香山万花山，"万花"正与梅兰芳的字——"畹华"谐音。

日望西山餐暮霞

香山，健锐营正白旗39号。

没有确凿的证据证明曹雪芹曾在这里度过他的西山岁月。但1971年在这间屋子里出现的一副对联，却让此地变得耐人寻味。

1971年4月4日，屋主舒成勋的妻子为修缮房屋，碰掉了西屋西壁的墙皮，却发现了内里乾坤——里面的那层灰皮上题了一些呈扇形排列的诗文，其中有一副对联："远富近贫，以礼相交天下少；疏亲慢友，因财而散世间多。"落款：鄂比。

巧的是，1963年，红学家周汝昌、吴世昌等在香山地区考察曹雪芹的遗迹，旗人张永海口述过这一对联，说这是鄂比赠予曹雪芹的。据题有诗文的墙壁与外层保护墙壁间的夹层印花纸钙化情况和张伯驹对"题壁诗"写作年代为乾隆时期的论断，舒成勋作伪的可能基本可以排除。

50年前的那次口述，张永海还说："他（曹雪芹）住的地点在四王府的西边，地藏沟口左边靠近河的地方，那儿今天还有一棵200多年的大槐树。"这一描述与正白旗39号门外的环境非常相似，与子弟书中"门前古槐歪脖树，小桥溪水野芹麻"的记载也吻合。

这里曾是曹雪芹的西山住所，不是没有可能。

那场红楼梦，也就同西山产生了关联。

《红楼梦》里浓厚的"出世"色彩，其中也许不仅有曹雪芹的看尽世间冷暖，还有他同寺院的交往——"北京六百寺，西山居其半"，碧云寺、法海寺、十方普觉寺、香山寺，都是皇家寺院，此外的大小寺院更是不可胜数。比如妙玉以雪水煮茶招待宝黛钗三人一节，又宝玉出家一节，可以同民间的传闻挂上关系：曹雪芹经常与鄂比去香山南麓万安山山腰的万安山法海寺附近的品香泉取水煮茶。1964年，老舍先生到山脚下的门头沟体验生活时，曾提到，"父老传言曹雪芹曾在附近法海寺出家为僧"。

西山脚下、十方普度寺旁的樱桃沟草木蓊郁。古木怪石中隐藏着一个泉眼，据说方圆数十里的饮水都来源于此，人称"水尽头"。泉眼南侧，一块巨石立在上面，状如元宝。石中有洞，洞口镌刻"白鹿岩"三字。据古人陈衍记载，说是辽时一仙人骑白鹿往来于此而得名，这位道人风骨不凡，自称"空空道人"，后来还与一位从天台山来的疯和尚为占山洞而比试坐禅——这情景似曾相识：不正是《红楼梦》的开场？

也有人问，曹雪芹当年好好地在右翼宗学府任职，为何愤而辞职迁来西山，每月领着少许的生活费，过"举家食粥酒常赊"的日子？

然而历史就是这样，太多不可解，太多可能。

俱往矣，唯西山依旧！

建筑解析

日暮乡关望西山

Xishan Mountain, Homeward Looking

从北边的南口到南边的房山区拒马河，西山绵延约90公里。从颐和园遥望西山，那无尽的山脉，犹如又一道长城，拱卫京畿

西山，是北京城中宜居宜歌的土地。

山水之间

遵照"仁者乐山，智者乐水"的古训，西山是绝佳居住场所。

西山苍苍，流水汤汤，居于此，你可以登山览胜，一睹四季变换的绝佳风光，还可以临水休憩，一扫城市生活的喧嚣和疲惫。在这山水间，你可以尽情徜徉，尽情挥洒，让身心飞扬。

春天，西山的美景如画，从市中心赶来的踏青、看花之人络绎不绝。有人说，西山就是北京城的后花园，此言非虚。如果你想体验山花烂漫，你可以去凤凰岭看杏花，洋洋洒洒的雪白，将草木初青的山峦装饰成了花海。如果你想看百花争艳，你可以去西山植物园赏梅花、迎春花、桃花、海棠花、丁香花，它们次第开放，笑脸迎春。

颐和园有一处景，应是每年必去的。春天的昆明湖湖水泛着青光，湖中西堤自西北逶迤向南。4月，西堤花红柳绿，六座古桥分布在西堤上，让人仿若到了江南。西堤两侧均是百年古柳、古桑和桃树，桃花欲燃，柳丝垂碧，一桥一亭，美如画卷。

盛夏时节，京城蛰伏在火辣辣的日头下。钢筋水泥的城市，高楼和立交桥上发出白得耀眼的光，让人目眩。不妨去圆明园看看，那里菡萏正开，接天莲叶。庭院池塘的幽静，残垣断壁的沧桑，古意森森。

围墙之外，晨起遛弯的老人惬意从容，急匆匆的上班族奔向地铁，周边清华大学等高等学府的学生骑着自行车飞驰而过。

历史，今天，在这里是那么契合。

西山是北京人入秋时赏红叶的圣地

西山远望

西山，实际上是一个地理称谓，并不是特指那一座山。

但是，这里有一座山闻名遐迩。它因为秋天的红叶驰名中外，那就是香山。霜降时节，香山周围方圆数万亩的坡地上，枫树黄栌红艳似火。到森玉笏的小亭，从亭里极目远眺，秋高气爽，远山连绵，近坡上鲜红、粉红、猩红、桃红，层次分明。有青青松柏点缀其间，红绿相间，瑰奇绚丽。

很多人都说，北京的黄金季节是秋天，而这个黄金季节的最佳赏景处就是西山。站在香山上朝东看，北京城就在那烟树深处。

香山红叶

在香山望京城，秋季最佳。如从城中看西山，当属冬季最好。

西山山脉素有"神京右臂"之称。早在金代，就有西山积雪之说，之后这成了燕京八景之一的"西山晴雪"。如今，因为气候变暖，北京城又有热岛效应，城里已经极少下雪了。但是，西山一带每年冬天或多或少都有白雪降临。每当西山有雪，摄影家们就喜欢扛着长枪短炮去西山跑跑。冬雪初霁，天空蔚蓝。从山脚仰望群山，山峦玉列，千岩万壑，峰岭琼联；登上山峰俯视，空阔无际，极为开朗。

西山自然风光绝佳，人文环境也是一流，尤其是海淀北部地区，这几年发展尤为快速。这里不仅山清水秀，文化环境也堪与市区媲美。

达或隐

西山脚下，古韵犹存，产城融合的科技新城悄然崛起。

从西山鹫峰向东南方向开车30分钟，就能到达有"中国硅谷"之称的中关村国家自主创新示范区。中关村周围的国内名牌高等学府汇聚了全国最好的教育资源。海淀从来都是中国教育的高地。

同在北京城，如果您的孩子有海淀地区的入学资格，也足以引来其他家长的艳羡，因为那是让孩子拥有了最前的起跑线。2013年，北京市海淀区政府提出要将海淀北部建设成为中关村创新中心区（Center of Innovative District，CID）。这里东临八达岭高速，西至西山山脉，北接昌平，南至五环，"谈笑有鸿儒，往来无白丁"。

要是开车在这里转上一圈，就会发现你是在一块寸土寸金的地上溜达。华为、中关村软件园等，新一代信息技术、生物技术企业群在这里生长。据说，海淀北部新城要打造中关村"2.0升级版"。届时，这里的科技、教育、医疗资源将是北京最好的。

乡村，能让人诗意地栖居在大地之上；城市，是为了让人更加高效舒适地居住。如果能将乡村的诗意与城市的便捷有效融合，那便是现代人最好的选择了。

在西山脚下，你可以找到这样的最佳结合点：在这里的一天，你可以在城市和乡村中自由穿行。清晨，迎着朝阳驾车到城里现代化的写字楼工作，联通全球；下班后，看着渐渐落入西山的太阳，换上休闲装和运动鞋去中关村公园里的绿道上快走健身。暮色四合，群鸟归巢，远山含黛，近水漾波。此时，你站在森林公园的万亩绿色植物碧波中，俯仰天地，身心会极度放松。

在城市的边缘，乡村的景色尤其难得。北京城里，有水稻田吗？答案是，有。

周末，你可以带着家人去稻香湖边的翠湖国家城市湿地公园看城市最后的水稻田。稻花香里说丰年，蛙声有，鸟鸣亦啾啾。近处，稻香湖边野鸭悠游自在；远处，天鹅湖里饲养着二三十只天鹅，幸运的话，你还可以看到野天鹅。这里是位于海淀区西北部的一片天然湿地，面积为11.8平方公里，有自然滨水景观、绿色生态湿地以及清新明快的田园风光。

如果你还想看看曾经的村庄，你可以去看山脚下的一个个小村落。凤凰岭下，核桃沟旁的车耳营村是个不错的选择。这个村子是市级民俗旅游接待村，村里还有吕祖洞、关帝庙和雄伟神秘的金刚石塔；村里人家的美食亦不容错过，民间瓦罐、土鸡炖蘑菇等是人们的最爱。

如果你还想在山里小住，静观山间云雾蒸腾、村落炊烟袅袅，你可以去山中寻一清净所在。西山阳台山内，鹫峰脚下，大觉寺旁，一条村户小路沿山而上，丛林深处，大山怀抱里有一个小小山庄——西山妙灵山庄。在这里，你可以体会到人到山边即为仙的归隐之乐。

李骏　绿城中国副总裁、北方公司总经理

营造者说

西山燕庐的"北京理想"

"Beijing Ideality "of Xishan Mansion

自2003年初入北京城、落子百合公寓开始，绿城一直致力于创造北京这座城市的美丽。

从百合公寓、诚园、御园，到2015年再次落子西山，这是绿城在北京东西南北建造高端公寓的足迹。西山燕庐，是绿城全新一代作品献给北京的问候。

西山一景

京城之西，上风上水

　　在老北京，历来有"东富西贵"之说法。"富"和"贵"两个字，有着深厚的历史人文背景，并非字面上的富贵之意。以前门大街这条中轴线为中心，在清同治、光绪年间，形成了北京重要的地缘划分线，就是所谓的"东富西贵"。从前门大街到永定门这条中轴的西侧，称为贵，就是官宦多，还有一些名流；这条中轴线东侧称为富，就是商人多。时代发展到今天，这一说法自然也有所变化，但这些遗风流韵，依然扎根在老百姓的心中。

从地势上来说，整个京城的地势是西北高、东南低。西部是太行山余脉的西山，北部是燕山山脉的军都山，两山在南口关沟相交，形成一个向东南展开的半圆形大山弯，人们称之为"北京弯"。它所围绕的地方是一个小平原，即北京小平原。

所以按老北京人的说法，西山这边是上风上水。从生态环境来说，西面不论是植被还是生态，都比较好，空气清新。自辽、金以来，北京西郊即为风景名胜之区，西山以东，层峦叠嶂，湖泊罗列，泉水充沛，山水衬映，具有江南水乡般的山水自然景观。

而且此地人口密度不是特别大，不拥挤，更宜居。未来它是北京特别宜居且高科技、文创产业聚集的地方，是生态示范区。

绿城择址西山，确实就是看中了这个区块强大的潜力。

一横一纵，握手燕庐

从区域上来看，西山燕庐正好位于北京城最重要的一横（长安街）一纵（永定河）的交叉点上。一个是高度发达的城市经济核心，一个是燕赵文化发祥地，在1000年后，因为长安街历史性的西延，一纵一横在京西握手，也成就了燕庐的绝佳位置。

长安街横贯东西。随着长安街西延线的修建，北京经济中心逐渐西移，西长安街的门户区域开始成为时代主角。同时随着中低速磁悬浮列车S1号线开通，WSD-首都西部综合服务区逐渐显山露水，十二大地标性建筑崛起，西长安新城势必能爆发出令人惊叹的价值潜力，未来繁华指日可待。作为中国的经济与政治中心，北京正上演着"全北京，向西看"的时代大戏。

西长安新城，据政府规划，将升级为继亦庄、望京后北京第三个高端人居生活区，是北京城少有的生态宜居涵养区——绿海凝翠，植被繁茂，古树名花肆意绚烂；三山两寺一河一湖十四公园，围绕左右；历史悠久的永定河蜿蜒百余里，形成了独一无二的自然景观带。

绿城·北京西山燕庐的中轴美学设计

西山燕庐，中轴美学

占据绝佳的城市山水资源核心区，西山燕庐集绿城20多年产品营造之大成，将于此绽放。可以说，它既能尽览佳山秀水，又能无缝对接西长安街，零距离悦享新城城市级生活商业群。同时项目内规划有社区商业，天生优势，自有繁华。

西山燕庐自然而然也会继承绿城一贯的品质基因，以超越以往的情怀，演绎一个足以留名于时代的新经典。

从故宫到西山燕庐，中轴美学观体现得淋漓尽致。雄伟故宫，彰显了中轴形制、皇家礼仪。西山燕庐的园区规划，遵循这样的对称轴线关系、空间序列感和节奏感，空间层次清晰，脉络完整。同时，因地制宜，在景观设计中营造宜人的邻里交往尺度。历史的美学，绿城的锻造，从故宫镜像转换到了西山燕庐。

另外，西山燕庐由著名建筑设计师王宇虹、绿城高端地产御用景观设计师安迪、世界级室内精装大师安德鲁等全球顶尖大师梦幻团队倾力打造。可以说，西山燕庐是一个建筑艺术珍品，也是绿城对北京城的至高敬意。

生活价值，北京理想

从房地产开发商到城市生活服务商，再到理想生活综合服务商，20多年来，绿城始终坚持着从造房子到造生活的转型之路，涉足环保、教育、医疗、健康、足球、农业等多个领域，并始终致力于为业主提供更优质的服务与更美好的生活。

在西山燕庐，绿城的"理想生活"一定会得到极致展现。

2010年，绿城集团率先在国内实践园区生活服务体系，以人的需求为出发点，全面涵盖健康医疗、文化教育及居家生活等内容，为广大业主提供全方位的园区生活服务。

2015年，在园区生活服务体系基础上，依托互联网，以"绿城+"App为载体，全面升级推出智慧园区生活服务体系。目前，绿城已有六个园区成为国家智慧社区试点，绿城与住建部共同探索智慧园区创新建设，助推智慧城市的发展。

建筑是艺术的容器，更是生活的容器。绿城在20多年中，一直在不断精研打磨产品，做大、做强、做深服务。目前，西山燕庐已经完成了《生活服务白皮书》的制定。可以想象的是，西山燕庐将通过营造一个理想的生活，去影响下一代，影响一座城市的未来。

有沉淀，才有超越。正因此，西山燕庐承载了绿城的北京理想。我们领军向京城拓土，并把北京作为绿城未来的主战场。

（本单元内容原载于《HOME绿城》第114期，2016年。有修改）

上图：北京西府海棠，中轴美学的体现

左下图：绿城·北京西山燕庐会客厅泳池

右下图：绿城·北京御园

Part 08

杨柳郡

美好 Young 生活

已经奔着花甲之年去的宋卫平，

忽然"老夫聊发少年狂"，

在绿城20年之际来了个"华丽转身"，

把眼光投向年轻人。

那是一种向上生长的力量。

人文·地脉

江边小镇：七堡

Riverside Town: Qibao

七堡街景

七堡历史不长，它是钱塘江水涨出来的一块滩涂沙地。

清乾隆年间，为抵御钱塘江潮修筑了一条长2120丈（约7066米）的鱼鳞石塘，江边广阔的沙地都围在了石塘以内，包括如今城东的四季青、彭埠、七堡、九堡、乔司及海宁市的大片土地。

沿江海塘筑成后，随着江道的稳定，大片滩涂淤涨成陆，逐渐成为肥厚的沙地。这片沙地上慢慢开始人烟生聚，形成村落，有了村名。以杭城清泰门外乌龙庙为头堡，向东每三里为一堡，二堡、三堡、四堡……依次得名。其中七堡小镇，曾经是一个热闹繁华的水陆码头。

七堡水运旧照

七堡是先有"渡"，后有镇。俗话说"靠山吃山，靠水吃水"，早先的七堡就是靠钱塘江盘活的。以前钱塘江上没有桥，要过江只能乘船。七堡一带江岸平缓，成了船家泊岸靠埠之处，这就是"七堡渡"的前身。

钱塘江上有上江船和下江船之分，行驶在上游的称上江船，上江船吃水浅，所以船行速度较快。下游江面开阔风浪大，江道变化多，潮水又厉害，所以下游的船既要吃得起风浪，又要过得了大潮，驶得了风，稳得住舵。因此下江船的船舱深，风帆高大，船头方、船尾翘，桅杆粗、舵柄长。

来七堡的都是下江船。下江船因为船舱吃水深，往往靠不到边，即便搭起跳板也不管用，客人只能涉水上岸，于是接人拉货的"牛车"和背人上岸的"娘舅"也应运而生。20世纪60年代，叫"娘舅"背上岸（俗称"背娘舅"），背一次5分钱，到了70年代，价格涨到1角。

七堡旧照

老话说，"螺蛳门外盐担儿"，七堡曾经是杭州盐业的重要集散地之一，慈溪、余姚、上虞及萧山滩涂沙地里晒制的食盐，大多渡江停靠七堡，再转运到杭嘉湖地区。江边有专门的盐码头，每天盐船靠埠卸货，商家挑夫进进出出，相当热闹。因为这里是官盐买卖，外面还有盐兵（盐务警察）站岗。盐兵驻扎在七堡，除了保护管理盐码头的官盐交易外，还要设卡缉查私盐贩卖。七堡一带不少穷苦百姓都有挑私盐的经历，江边常有私盐船靠埠，挑私盐风险大，但只要能躲过盐兵，交给二道贩子，这钞票就挣进了。

木材也是七堡的一大产业，那时江边漂满了木排，都是从钱塘江上游山区放下来的，最远就到七堡为止，再不敢放下去了，怕被潮水卷散。七堡有四五家木行，上等的长梢杉木竖得一排一排，讲外地口音的"山客"成了七堡老街的一道景观。"柴多火旺、人多闹猛"，客商来往，人流聚散，也带活了茶店、酒馆、客栈甚至赌场，终使这个江边小镇日趋闹猛。

建筑解析

七堡的七宝

Seven Treasures of Qibao

在杭州人眼里，七堡是遥远的地方。

"钱塘江边。""最早最早，那里是一片海塘。""钱塘江海塘上，后来一代代筑起了丁字坝。""七堡啊，一条大河波浪宽。""看钱江大潮蛮好的。""有大船闸。""是个盐码头啦，早年有很多人挑盐担贩卖私盐。""木材集散地，从安徽休宁、徽州和本省淳安山区放下来的杉木都在那里交易。""七堡啊，郊区呗，种了很多棉花、络麻。菜地，都是菜地。"……

那是过去的七堡。现在，土变玉，"堡"变"宝"。而地铁绿城·杭州杨柳郡在这块风水宝地上生长。

一宝：路路通

七堡，近百年前，是一个热闹繁华的水陆码头。

靠水吃水。钱塘江边有渡口，这个渡口厉害了——航船时代，渡口直接让七堡成为繁荣的商品集散地。

20世纪30年代，七堡集市就非常活跃。就算到了商品最紧缺的时候，很多东西在七堡都能搞到手。

七堡这地方，江边有渡口，里边有公路，公路通海宁、海盐、平湖，直至上海。到了20世纪80年代之后，七堡成了城区的一部分。但是，繁华却没能延续，它反而慢慢地被冷落了。

现在再来看七堡，地铁时代了，七堡又变得光亮闪闪、气度不凡了。

杭州地铁的心脏——杭州地铁集团总部，就在七堡，与杨柳郡脸贴着脸。地铁的地下管网路线好像一条时光隧道，接通了七堡的过去、现在与将来。

从杭州最繁华的武林广场乘坐地铁1号线向下沙方向出发，15分钟后你走出来，就站在七堡的地面上了。七堡不再是昔日的城郊、集市、菜地，而是一个相当时尚前卫的地块，一个现代化交通的心脏、大脑中枢。

从地铁七堡站向两边出发，6分钟后，分别抵达火车东站、客运中心。在火车东站买一杯热咖啡登上高铁，咖啡还没有凉透，你就已经到了上海；而6个小时后，你将站在北京故宫博物院的门口。

从地铁七堡站出发，你如果去机场，那就上高速吧。半小时后，你就站在萧山国际机场宽敞明亮的候机楼里了；1小时后，飞机起飞，而你的目的地可能是这个地球上的任意一个角落。

这就是今天的七堡。

在这个互联网时代，七堡用地铁编织出城市的经纬，成为城市的枢纽核心。

"决战东部"的三年行动，注定会让杭州城东这块地方，在未来变得气宇轩昂。商业新中心、高尚居住区、生态社区，一个个概念出来，而七堡，就像一个青春勃发的新青年，活力无限，激情无限。

杭州杨柳郡·好街

二宝：懒到家

在七堡，80万平方米的地铁上盖生活综合体——杨柳郡，已然成为这里最靓丽的地标。

这么庞大的综合体，集居住、商业、休闲、教育于一体，是针对年轻群体特别配备的。一条满足各种需求的"好街"华丽绽放，一整套全天候的园区生活服务体系统统具备。

因为杨柳郡 Young City（年轻的城），生来就有着强烈的青春血液。

在这里没有什么不可以，一切都是为青春而来。洗衣、做饭，不用你自己动手了。周末出门前，你把一筐衣服交给上门的服务员，到了晚上，熨好的衣服就被干干净净地送回来了。到了饭点，不想动手，只要手机上点一点，美餐就送到你的手边。洗车，只要把钥匙交给服务员，一切搞定。

这里有超赞的书店，哪怕在凌晨三点，也有一盏温暖的灯光以及满墙的图书在陪伴着你。

还有什么酷玩、商店是你需要的，这里都可以提供。这里的一切，都是为了让生活更舒适、更慵懒、更享受、更便捷。

三宝：文艺范

孟母三迁的故事告诉我们：挑一个氛围好的地方居住、生活，对孩子的健康成长是非常重要的。

对于大多数年轻人来说，这一点是肯定要考虑的——过不了多久，就要结婚、生子，紧接着孩子就要上幼儿园，上小学。学校、教育的配套，都是必不可少的。

这些，杨柳郡早就想到啦。说起来，他们的"文艺范"可不是吹的。文，是文化，是教育；艺，是艺术，是技艺。

两所幼儿园、一所小学，就离杨柳郡几步之遥。除此之外，绿城有孩子们特有的"海豚计划""奇妙一夏"等传统绿城服务品牌活动。

到了暑假，让孩子们学学游泳吧，像一只海豚一样畅游于碧波之间。暑假里还有非常丰富的兴趣班，唱歌跳舞、琴棋书画，只要想得到，杨柳郡都可以有。

杨柳郡还有杭州东部最童话的幼儿园，最漂亮和优质的小学！

畅想一下，不用出小区、穿马路、开车就可以去的幼儿园、小学，这是多便捷的生活。

要知道，杨柳郡所在的艮北新城，已经被定位为城东的活力新中心、东部商业副中心、"美丽杭州"健康生活示范区、文教艺术示范区。

在杨柳郡生活，艺术氛围实在是太浓厚啦。

四宝：科技感

科技时代，一部手机可以做太多事情了。

如果你还像以前一样，每个月要跑到银行去排队交水费、电费，购买理财产品，或者去小区门口拿快递……真的太过时了。如果你成为杨柳郡业主，只需要下载"绿城+"App即可全部搞定。

杨柳郡贴心入户的门锁采用密码、机械钥匙、卡开启三种方式。出门忘带钥匙和门卡，不用请开锁师傅上门开锁，输入密码就能轻松进门。

如果你想同步购买国外最新的产品，不用再找人代购了，在App上就可以直接海淘好货，吃的穿的用的一应俱全。

此外，绿城业主还有专享的私人定制平台，世界一流大品牌都在你触手可及的范围之内。

"绿城+"App可以做到很多你想都想不到的事。它不只是一个服务平台，更是智慧社区的综合服务平台。

身在杨柳郡，最酷最前卫的科技感，会时时让你感到置身在未来时空。

绿城做"理想生活综合服务商"，而你，就是美好生活的尊享者。

五宝：健康宝

健康是生活质量的基础。有了健康的生命状态，才能有良好的生活激情。在杨柳郡，一切都把健康放在生活的重要位置。

早晨就别赖床啦，趁着晨光出去散散步吧。杨柳郡的漫步道健康自然，提供了非常好的自然环境。杨柳郡是有自己的专属公园的。这里自行车道条件优越，还能让你呼吸大自然的新鲜空气。

杨柳郡的公园，借助欲扬先抑、步移景异、借景对景的中国古典园林营造手法，借鉴苏州留园内的古典园林建筑、狮子林的小叠水和杭州花港观鱼、太子湾的草坪空间，因地制宜，布山置水。青青河畔草，郁郁园中柳。有谁会对这杨柳依依、山水柔情不动心呢？

在杨柳郡，水源是有净化水系的，空气是有新风系统的。因此，放心地用水，放心地呼吸吧。

当然，杨柳郡还有园区自己的医疗服务体系。想象一下，老爸老妈的保健护理可以在园区里咨询，孩子的小病小恙打个电话问下园区医生即可，自己的小伤小痛可以在园区医疗服务体系里搞定——真的是可以足不出户啊。就算是绿城，有自己医院的小区，这也是头一家啊！

杭州杨柳郡

六宝：潮流圈

日暮时分，滑板少年三三两两地出现。这是杨柳郡日常的生活场景之一。

既然号称是"全国最新的年轻社区"，那么绿城一定会做成一个标杆，只要是年轻人喜欢的，这里一定都会有。

买国际大牌的衣服？这里有专卖店啊。想寻找志同道合的朋友？更简单。因为杨柳郡吸引的业主是各行各业的"白骨精"，有文化，又讲究生活品质。这样的群体集聚在一起，难道还不能激发出更新鲜、更有趣的玩法吗？

小区的咖啡馆里，一定会有很多潮人坐在那里，说不定坐在角落默默发呆的家伙是时下最流行的网络小说作家，而那个低头在电脑前噼里啪啦敲打键盘的说不定就是杭州下一个马云。杨柳郡就是这样，一切都很潮，一切都很新，一切都有可能。

七宝：美好家

让我们把目光撤回，回到落地窗内，回到我们的房子里来。

绿城的户型都是从卓越品质出发，推窗即景，户型尺度追求舒适、宽敞。杨柳郡的90平方米，做到刚需最适用的三室两厅两卫，而且房间布局合理，其中，北向次卧约三分之二的面积为全赠送，也正是这一块面积的适用，使得该户型拥有三房。功能分区比较合理，各个房间都直接对外通风和采光，做到了全明，而且双阳台设计使得阳光充足，同样也形成灵动空间，可大大提高利用率。U型厨房空间利用更经济实用，在外与餐厅紧密相连，日常用餐也比较方便。此外，餐厅、客厅相连，能提高空间的利用率；而客厅有一拐角遮挡，又能保证会客的私密性以及互不干扰。两卫设计，都做到了干湿分离。主卧带主卫、飘窗，居住舒适度高且私密性高。公共卫生间与次卧、客卧相连，同样方便使用。

宋卫平说了，绿城要给年轻人造好房子。可以想象，那些能在杨柳郡实现"美好家"生活理想的年轻人，将会收获多少快乐。

所有这些描述，其实正可借以描述杨柳郡的某种潜在努力与未来轮廓。这座年轻人的社区，名叫Young City（年轻的城）。而年轻人的所有机会就是时间，就是去感受自己的成长。时间流逝的目的只有一个：让感觉和思想稳定下来，成熟起来，摆脱一切急躁或者须臾的偶然变化。

让我们来试着用这五个关键词为杨柳郡做个大致描述。

1.轻逸（lightness）：价位。让年轻人买得起的好房子，让年轻人可以安居然后乐业。小户型、低总价、高品质，无须被一套房子拴住那颗不羁的心。

2.迅速（quickness）：交通。让年轻人动起来的快房子，让年轻人既能安居又能远行。杨柳郡从"出生"开始，就和地铁1号线牢牢绑在一起，可以说是真正意义上的零距离。高铁站、机场都在半小时车程之内。

3.确切 (exactness)：气质。让年轻人嗨起来的洋房子，让年轻人既能安居又能欢聚。这是绿城首个以英文命名的社区，也是绿城首次以"永远年轻，永远热泪盈眶"为标榜的潮流社区。住在这里的年轻人群，将是绿城最有腔调的一群年轻业主。

4.易见 (visibility)：配置。让年轻人动起来的小房子，让年轻人既能安居又能分享。绿城私享会、"绿城+"App、绿城动感街区、绿城众筹计划等符合年轻人气质的活法与玩法，全都聚合于此。这是跨界融合的一代，这也是生活与工作无界的一代。

5.繁复 (multiplicity)：可能。让年轻人跳起来的新房子，让年轻人既能安居又能乐创。正如乔布斯所说，活着就要改变世界。绿城20多年来，始终致力于改善中国精英人群居住状况。这一代心智成熟的年轻人，将毕生发展定义为终其一生的使命。

蒋愈　杭州杨柳郡一、二期设计师，gad设计集团合伙人、设计总监

营造者说

拥抱 Young 时代

Embracing the Young Age

2015年5月，绿城"Forever Young"的分享会上，专为年轻人量身打造的杨柳郡第一次亮相，一同出场的还有桃李春风、留香园、桃源小镇和江南里。在这五个项目里，杨柳郡显然是最受关注的一个。它身上的标签太多：绿城Young 时代的开篇巨作，最好的白领公寓，均价"1"字头的绿城主城区产品。上述每一项描述，都颠覆了绿城的过往，给人耳目一新的感觉。宋卫平在现场强调："绿城要给年轻人造好房子。而杨柳郡最大的卖点，就是便宜，必须是很多人买得起。"

以豪宅起家的绿城，到底为什么要给年轻人造"买得起"的房子？

宋卫平给出的理由是，近2年，财富年龄层正在慢慢下移，即便是高档住宅和豪宅的业主也正在年轻化，而财富的绝对值增长却并不多。所以，绿城决定将产品线受众年龄层下移，更多地关注80后、90后中端白领的住房需求，善待80后、90后的年轻一代，最大限度释放他们的生产力与创造力，让他们不要被一套豪宅羁绊了前行的脚步。

而在我眼中，杨柳郡是一个充满活力，舒适、放松，生活极其便利的宜居社区。它是城市的一部分，同时利用其独有的轨道交通的便利性，能够辐射周围，成为城市的一个活力中心，是一个让居住者既安心又自豪的社区。

杨柳郡至少有两大核心价值点：交通的便利性和生活的便利性。第一点是显而易见的，杨柳郡这个类型的产品天生就与轨道交通有着密切关系，可以充分发挥出TOD（交通引导开发）物业的优势。从长远来看，因为存在轨道交通的无缝连接，所以将大大减小对机动车的依赖，将来这里会变成一个绿色、安全、宁静的社区。第二点是策划与规划所赋予的，杨柳郡的策划定位是城市片段、城市的活力中心，因此随之而来的生活服务设施以成体系的方式植入到园区之中，使之成为一个真正宜居的城区。

对于杨柳郡的整体设计，我们是按照一个理想的城市片段或者说城市的有机组成部分来做的。这样做的目的是将其打造成一个宜居、有活力的混合街区，将其融入城市之中，同时又通过自身鲜明的特质彰显出来。居住组团与生活服务设施（商店、健身中心、酒吧、影院，甚至创客聚会空间等）是紧密结合在一起的，生活服务呈带状或树枝状植入居住组团之中，形成一个完整而严密的城市系统。当然，我们会根据生活服务设施本身的空间属性、活动属性、氛围属性等来做合理的布局，做到动静分区、功能分区、公私分区，使得居住其间的人，既安全，又舒适、便利。

针对杨柳郡的主力年轻客群，杨柳郡在设计上做了很多细节考量。首先是清新简约而又丰富多彩的建筑，不管是住宅，还是小学、幼儿园，抑或商业街，都突出其年轻有活力的特有性格。其次是生活服务设施的业态设置，比如健身房、酒吧、线上线下的创客聚会空间等，也都是为年轻精英量身定做的。再次是充满活力与探索性的公共空间的设置，比如西公园，利用场地本身的高差变化，设计了一处有趣的微型Discovery（探索空间）！

杭州杨柳郡

　　杨柳郡的设计灵感来源于"理想城市"，来源于宋董所一贯强调的"创造美好生活"的使命，以及绿城的人文情怀。给普通人营造一种便利、活力、健康、安全的美好生活，是杨柳郡的设计初衷。因此，住房建筑是清新活力的，景观是宜赏宜游的，公共建筑是平易近人的。整个社区从空间到材料到色彩，都是亲切宜人、清新简约的，不会板起脸孔，让人产生距离感。

　　生活不只有眼前的苟且，还应该有诗和远方。

前半句话放在今天其实别具意味。因为房产已经由产品的"容器时代"变成生活的"内容时代"，今后的房产商谁能够在生活组织和品质提升方面真正帮助到业主们，谁就能拥有最重要的竞争力。

宋董曾说："这个社会总归要由80后、90后来担当重任的，所有年轻靓丽，哪怕是幼稚和单纯，都是值得我们这些五六十岁的人去羡慕的。今后房产是赚不到什么钱的，房产没有土地红利以后，一定是平均利润。现在杭州的在售楼盘起码有一半不赚钱。他们又想卖得快，又想赚钱多，我说这不可能，你要卖得快、卖得好，你就要卖得便宜，因为我们的对象是一批80后、90后。"

生意就是生活，未来大势如此。让年轻人不再为房子背负太重，这才是宋卫平要绿城"Young"起来的真正原因。如今城市里的年轻一代将是中国的未来和希望，他们的生机与活力不能被房子压抑住。所以，为年轻一代做的产品，宋卫平希望这些房子可以做到零首付，起码想办法为他们争取做到首付15%。

老宋的骄傲在于他从未止步。他对绿城说：你要调整，你要转变，你要升华。

总之，杨柳郡，是欢迎，是拥抱。

（本单元内容原载于《HOME绿城》第105期，2015年。有修改）

Part 09

重回大运河的黄金时代

江南里

大运河，
它从江南里的门前流过，
从公元605年开始浸润江南，
浸润出一种活着的文化。

人文·地脉

旷世运河

The One and Only Great Canal

你不仅仅是一条河

大运河，不仅仅是一条河，它改变了中国的命运。

它是历史之河——春秋时代吴王夫差始掘邗沟，隋炀帝杨广开通京杭大运河。元代"截弯取直"，掘通惠河，把北方行政中心大都（今北京）与江南杭州连为一体，形成今日的主河道。

它是体制之河——漕政、河政、盐政支撑着整个帝国的日常运转。运河穿过海河、黄河、淮河、长江、钱塘江五大水系，融汇了极其辉煌的工程技术和复杂的行政设计。

它是财富之河——中国两大商帮徽商、晋商均自运河贸易而发家；中国最早的银行"钱庄"应运而生；沿岸形成22个繁华城市，构成中国最早的城市群。帝国财富，经由大运河集中、流动，再分配。

它是文化之河——"四大名著"都诞生在运河两岸。七部《四库全书》，南方三部就藏在运河边上的扬州、镇江、杭州。运河边上聚集着许多文化人、思想家。著名的扬州八怪，让书画进入商业领域。四大徽班沿着运河一路进京，发展出国粹——京剧。

它是生活之河——时至今日，运河仍然影响着沿岸近3亿人的生活，是他们川流不息的度命方式。两岸的那些码头、商埠、市场、人家、风俗、船闸、桥梁、堤坝……它们是流动的历史，让我们诵读至今。

2014年6月22日，大运河申遗成功，成为中国第46个世界遗产项目。

大运河是活生生的人类遗迹，是中国人改变大地模样的经典例证。它是世界上里程最长、工程最大的运河，是仍在使用的"活态线性文化遗产"。它理当抖擞而出，让我们完成一次次生动的穿越。

此前，世界上共有七条运河申遗成功。它们分别是法国米迪运河、加拿大里多运河、荷兰阿姆斯特丹运河、比利时中央运河、阿曼阿夫拉贾灌溉体系、英国旁特斯沃泰水道桥与运河、伊朗舒希达历史水利系统。它们在历史、长度和功能等方面都远不及中国大运河。以漕运作为标志功能的中国大运河，在世界上独一无二。

帝王巡游与草莽英雄

天命如水，川流不息，世间唯此河最具非凡价值。

大运河，既是帝王巡游之河，也是草莽英雄之河。

大清第五位皇帝乾隆在位60年，和其祖父康熙一样，也是六下江南，把南巡当作自己的毕生事业。与康熙的节俭简朴相比，乾隆这六次南巡堪称豪奢至极。每届南巡前一年，就开始精心准备，筑桥铺路，修建行宫，膳食铺张，豪华奢靡，随同南巡人数达2500人之多。彼时的大运河上，1000多只船首尾相接，岸上有官员骑马沿河行走，以便随时听候差遣。沿河30里以内，地方官员皆穿朝服前来接驾，男女老少夹道欢迎。

回望诸世纪，从秦皇、汉武开始，经隋炀帝、唐玄宗，到康熙、乾隆诸帝而盛，帝王们消耗大量时间、精力、人力、物力和财力而进行大规模的巡游，必然带有一定的目的。这些目的主要包括安境靖边、扬威显盛、观风问俗和游山玩水等。

乾隆下江南图

不过，有了大运河之后，帝王们巡游时又有了彰显文治武功的秀场。

江南让乾隆如此魂牵梦萦，以至于他要在北京的颐和园仿造一座西湖。事实上，江南除了"风月无边"，更重要的是运河漕运对于帝国有着举足轻重的地位。有数字为证，清政府一年财政收入为7000万两白银，单单通过漕运就实现5000万两。为保证漕运畅通，河道总督每年要花白银1000万两以上治河。

漕运总督是明清两代主管漕运的官员，掌管着长达1790公里的漕粮运输，江浙鄂赣湘豫鲁七省归其节制，运河沿线1.2万只漕船、12万漕军听其调遣。江苏淮安位于黄淮运交汇处，最难治理，因此河道总督也驻节于此，与两江总督等封疆大吏平起平坐，有"天下九督，淮居其二"之名。仅淮安一城，当时人口数量就达到100万，全国四大盐商有三家住在淮安河下镇，当地私家园林有近百所。

乾隆三十三年（1768年），大运河南段重镇苏杭两地的33座罗教庵堂，一夜之间被清廷夷为平地。谁承想，这次扫荡"邪教"的行动，却催生了中国近代史上叱咤风云的江湖帮会组织——青帮。

青帮的前身是罗教，相传罗教祖师爷是山东即墨人罗清，他在明正德年间（1506—1521年）就创立了该教。彼时，距明成祖朱棣推行漕运制度已近百年，大运河上日常来往的运粮漕船上万艘，随船水手达二三十万之众。水手大多是来自山东、直隶的北方壮汉。从江南产粮区到北京，船程往返需数月，空船返回后水手们要在江南待上半年。于是，苏杭一带罗教设立的庵堂就成了这些远离故土的底层劳动者解决日常食宿，打发闲暇时光，乃至求医问药的好去处。

罗教祖师爷罗清糅合佛道教义，向劳苦船工布道，宣称可"救人出苦海"。久而久之，水手们聚集的庵堂就成了精神寄托。但北方人性情粗犷，喜酒善饮，常常寻衅滋事，这让视"维稳"为第一要务的地方官员感到头疼。而清廷又对潜在的反叛苗头尤为敏感，故决意先下手剿灭。

乾隆三十三年之后，以罗教庵堂维系的水手们不得不转移阵地到船上，与船帮组织合为一体。每帮设"老堂船"，订立"帮规""家法"，规定"凡投充水手，必拜一人为师，派列辈分，彼此照应"。自此，以大运河南端的江浙为中心，漕运全行业的水手都成了帮会中人。

大运河船工的秘密组织罗教，后来发展成为青帮，成为清初以来影响最深远的秘密结社之一。

同样都是人间权势，同样都是尘世向往，同样都是生存法则，同样都是江湖规矩，大可成为人生与商战的案例。而今之人，富者多而贵者少，聪明多而智慧少，更要在运河汲取世间能量，领略那些随时间而来的智慧。

城市集群与理想生活

大运河是条名利之河。

据说，乾隆皇帝当年在镇江金山上看到运河上船只往来如梭，就问金山寺法磐住持："长老知道每天运河上有多少船来往吗？"

高僧淡然答曰："只有两条，一条为名，一条为利。"

乾隆愕然，为之折服，为之赞叹。

漕运直接带来了运河沿岸城市的繁荣，例如扬州、镇江、淮安等城市，都是因水而兴。漕运废除后，这些城市的地位也一落千丈。1901年，养育中国2000余年的漕运终于画上了句号，留给人们无尽的回忆与追思。这种情感，可以用唐代诗人白居易关于漕运以及运河的《长相思》来形容："汴水流，泗水流，流到瓜洲古渡头。吴山点点愁。思悠悠，恨悠悠，恨到归时方始休。月明人倚楼。"

漕运对古代中国的政治和经济所起的作用相当之大。例如茶叶本是南方作物，其能在唐代时风行全国，与漕运不无关系。再如本为闽粤一带信仰的妈祖，因为来自当地的漕运水手的关系，竟然在千里之外的天津扎下根来，历时数百年而不衰。

很多文学作品的背景也放在了漕运沿线：《杜十娘怒沉百宝箱》就发生在瓜洲（今扬州境内）；《窦娥冤》中"这楚州亢旱三年"，惩戒"山阳县""官吏们无心正法，使百姓有口难言"，而楚州和山阳正是淮安古地名；《红楼梦》第120回贾宝玉拜别贾政就发生在常州的毗陵驿；《水浒传》宋江率梁山英雄征讨方腊，正是沿运河从镇江、常州、无锡、苏州一路厮杀到杭州……

京杭大运河连接了无数细密的河流和浩瀚的湖泊，每年负担着数万石漕粮的北运任务，同时，尚有不可胜数的瓷器、丝绸、城砖、木材，通过京杭大运河运往北京。

京杭大运河

　　京杭大运河如此漫长多变，所以就需要高效管理以及集权协调：它的南段经常洪水泛滥，而它的北段却常常因为缺水而干涸淤积；在中段它要穿过黄河。自元代从黄河夺淮入海之京杭大运河如此繁荣多元，所以生成了极具活力的城市集群。城镇，是商业活动繁荣的直接结果。这不同于中国过去以行政、驻军等模式形成的城市。

城市，最早是出于防卫的需要，在《墨子·七患》中即有"城者，所以自守也"的记载。就防卫功能而言，在中国最具代表性的无疑是万里长城，它把整个中国变成了最大的城垣。与之相对，大运河的主要功能则可以称为"市"，它的基本功能是"买卖所之也"（《说文解字》），是"致天下之民，聚天下之货"。与"城"因防卫需要而倾向于封闭不同，"市"的功能在于推动内部的循环与交流，这在客观上有助于使中国社会因为更广泛的交流而成为内在联系更加密切的有机体。

运河城市不是一些联系松散的单体城市，借助运河文明在水文、商业、航运等方面的共通性，它们构成了一个规模巨大的城市群，这是中国古代纵贯南北的"主干大街"。依赖河流文明而出现的运河城市群，在这一点上有其他城市不能比拟的巨大区位优势，它为中国古代社会的发展做出了巨大贡献。由于中国古代农业文明总体上"喜静不喜动"，容易走向自闭与僵化，因而在运河两岸出现的这些活力充沛的城市，在推动中国古代社会的自我更新与可持续发展方面，其功劳是怎样高度评价都不为过的。

从乡土社会向城市社会的迈进需要借助自然力量的推动，但这种自然力量已不是自然的"常态"力量，而是自然的"突变"力量，这种自然的"突变"裹挟着人与人进入到一场风暴中去，激撞出新的生命形式和社会组织形式，这就是城市世界从乡土社会中脱胎的最重要的契机。这样的城市化进程直到今天还在延续。改革开放40年以来，城镇化是新经济的巨大推手。

大运河，不仅仅是一条河流，它更改变了所有中国人的视野甚至世界。

优雅生活与民间传奇

富而不贵，从来都是中国有钱人的心头之痛。

大运河让徽商走上了历史的舞台，也让徽商成了解剖的样板。

扬州曾经是全球十大繁华城市之一，地位堪比今日的纽约、巴黎。扬州繁华的秘密就在于盐。从西汉吴王刘濞"煮海为盐"，一直到清代扬州盐业鼎盛，扬州城市的发展与盐有着不解之缘。食盐是帝国最重要的专卖物资。朝廷最主要的现金税收来自食盐。国家把食盐的专利权卖给盐商，地处大运河交通要道和主要产盐区的扬州便成为帝国的盐业贸易中心，创造了梦幻般的物质财富。

据载，扬州鼎盛时曾有大小园林百余处，这与扬州是盐商荟萃之地有关。扬州是两淮盐运枢纽与盐政中心，盐商多为出自徽州的富户，他们流寓于扬州，除了居家营生之外，还有种种商务活动。那些富户购地营宅，凿池堆山，以为游寓宴聚之所，也是会友议事之地。园林之作最能体现商户实力，于是各家争奇斗艳，极尽奢华之能事。明清两代，整个扬州城内外，巨室亭馆鳞次栉比。乾隆皇帝六次南巡扬州，盐商趁此献媚斗富，造园47座，沿保障湖（今瘦西湖）两岸及平山堂一带，共造了近30座园林别业。

乾隆五十五年（1790年），为庆祝皇帝八十寿辰，扬州徽商还组织以名旦高朗亭为首的三庆班，沿着大运河进京演出，引起巨大轰动。后又有四喜班、和春班及春台班相继进京演出，史称四大徽班进京。他们的戏剧与北方戏剧相互融合，发展成为后来的国粹——京剧。

事实上，徽班只是江南盐商们日常享乐生活的一个侧面。他们不光资助戏曲演出，以他们一掷千金的作风，还养育了一批画家、书法家、学者等。饶是如此，他们的身上仍然有许多矛盾之处，他们也过着表面上花团锦簇而实地里漏洞百出的生活。他们在扬州城里狎妓、娶妾，花天酒地，而他们的妻子却在老家徽州孤独地老去，换来一座座精美的贞节牌坊……

杭州江南里效果图

　　纵是富可敌国，盐商们并没有获得与财富相匹配的社会地位。他们子女的人生道路，第一选择并非继承家庭产业，而是踏上科举之路投身仕途。由此，就引出了中国人的"家世"之说——名门望族向来有之，如何接续才是真正问题。

　　翻阅历史，名门望族并不像一般人所感叹的命运常受时代左右。相反，这些家族多是时代社会的"推手"，他们得风气之先，也领先于时代。这样的例子比比皆是：在神州文化陆沉之际，陈寅恪家族成员多半示范了中国文化魅力；在文明转型、接纳全新元素之时，林同济家族成员率先以专业精神要求自己；曾国藩家族有治家八字诀"书蔬鱼猪早扫考宝"，即读书、种菜、养鱼、喂猪、早起、扫屋、祭祖、睦邻……

　　所谓家世传承，即要求他们在天下层面，在人生的形而上层面，在生活的日常细节层面交出答卷。这些答卷激励并警示后人，给他们人生路上提供行修而名立的资粮。所有这些名门望族得以延续的秘密，就在于他们都懂得"敬天爱人"的真正含义。那意味着顺应天道，克己复礼。

　　从更大的视野来俯瞰运河：海关与工业都萌芽于此，财富故事也与其密不可分。但更重要的还是那些故事中的人，是那些人的命运沉浮。今天我们钩沉索隐，乃是向过往致敬并质疑，要去想想到底哪里出了问题，接下去怎样才能生活得更好。

　　家世的传承，对今天的先富人群极具借鉴价值。那才是真正的财富传承，而不是"富不过三代"的吊诡现实。

尘世功名与隐逸人生

江南在哪里？或在江南里。

绿城江南里，堪称尘世功名与隐逸人生的最佳结合处，尽享京杭大运河遗产与现实综保的双重优越性。

杭州位于京杭大运河最南端。流淌了2500多年的大运河，见证了杭州的成长与变迁。它奠定了城市格局，拓展了城市地域，繁荣了城市经济，丰富了城市文化，是杭州的"发生之河""开放之河""繁荣之河"以及"风韵之河"。

大运河在杭州，依然生机勃勃。这从河上那些首尾接续而过的船只上可以看出，而两岸那些鳞次栉比的高楼府第也可以显现。

大运河边的市井烟火气让遗迹化为诗意栖居，成为今天杭州美好生活的一部分。

正是此种古今融汇、繁衍生息的活力，才构成大运河申遗后最无可置疑的资本。

京杭大运河夜景图

　　大运河是杭州的骄傲，是杭州的符号，也是杭州当之无愧且最具影响的城市品牌。

　　其实，大运河在杭州这座城市里并不雄浑，它更像一条有力的绳索，拖曳着这座城市一起流动。

　　与杭州西湖的柔美不同，大运河保持了一种硬朗。这种硬朗与从前林立的工厂有关，与往来不断的漕运有关，与生生不息的生活有关，也与一条河流切割大地破空而来所挟的那种历史纵贯感有关。

　　切片式的大运河，印象中的大运河，现实中的大运河，都是一条你可能并不了解的大运河，都是我们所曾经拥有的黄金岁月。

　　逐梦大运河，饮马江南里，驻足杭州城，理当是另一种人生梦想。沿运河七十二个半码头散落而来，都应聚集于杭州运河之富庶南端。

　　所谓运河，就是人生好运，就是一团和气。

大运河历十年综保之功，将钱塘江、西湖与大运河三水打通，增加了运河源头活水流量，提高了大运河自净能力，实现了综保三大目标：还河于民，申报世界遗产，打造世界级旅游产品。

绿城江南里，周边皆改善

江南里周边，小河直街、桥西直街、大兜路历史街区保护工程先后完成，"江南佳丽地"塘栖镇综保工程随即启动，水北街、市南街、太史第弄、郁家弄等街区也进行了抢救性修缮。

绿城江南里，周边有来历

江南里周边，海关、桑庐、富义仓、拱宸桥、通益公纱厂、中心集施茶材会公所、广济桥、乾隆御碑等省市文保点先后被保护并修缮，延续了运河千年文脉。

绿城江南里，周边有遗存

江南里周边，沿线老厂房、老建筑、老字号得到了创造性的环境整治，长征工厂、土特产仓库、大河造船厂、石祥船坞等一大批历史建筑被灵活保护与推广，进而得到创意新生。

绿城江南里，周边皆游线

江南里周边，根据漕运历史设计特色"漕舫"，开通运河—钱塘江、运河—余杭塘河、运河—上塘河三条水上黄金游线。水陆组织无缝连接，来去自如，行止得当，是为理想生活。

绿城江南里，周边皆风景

江南里周边，实施运河夜景照明工程，营造"江南水墨"意境，复建"运河第一香"香积寺。古老运河正变得更生态、更亲民、更和谐、更有文化、更具品质。

绿城江南里，周边皆豪迈

2006—2012年，京杭大运河杭州段连续七次推出新运河。2014年6月22日，大运河申遗成功，成为中国第46个世界遗产项目。杭州的运河梦里，交织着城市品位、城市文脉、城市环境、城市竞争力。让这条河始终"奔流"下去，才是大运河真正的魅力所在。

大运河，是活着的遗产，是呼吸的河流，它有着世所罕见的时间与空间尺度。

杭州段是京杭大运河最精彩且至今最具活力的流段，历史积淀深厚，文化遗存众多，而运河神韵至今从未黯淡，因此生活画卷在此绵延展开。

遥想当年，马一浮、张啸林……大儒与江湖人士也都从拱宸桥登船远去，去行走天下，去独立开辟自己的人生。

绿城江南里所在的区位，正是告别与归来的不二之选。

成功之后，何以安身立命？不如就在运河边落脚，在千年流动的中国血脉之侧接续动力与胆魄。进退自如，来去自由，才是真正的理想人生。

进退有度，才不至进退维谷；宠辱皆忘，方可以宠辱不惊。

绿城江南里，岂止江南里？

建筑解析

江南里 · 江南忆

Jiangnan Li: Memory of Jiangnan

　　1927年，戴望舒走在杭州一条下雨的长巷里，为世界留下了一首淋漓着江南雨的诗，也留下了江南古巷的深长风韵。

　　走过古江南的人，是幸福的。就像这首《雨巷》，它就是江南的诗人、江南的诗，它摇身变成了一个我们喜欢的人，一座我们喜欢的城。雨，是千年而来的雨；巷，是江南特有的巷。雨和巷，真的是杭州的古意与诗意所在，它代表江南的天和地，代表江南的房屋、街坊、里弄，"悠长、悠长、又寂寥的雨巷"。

斯里兰卡有一位杰出的建筑师巴瓦，他对建筑的见解决定了他的实践，他认为建筑应该敏于采用现代的科技而又能保持一种跟传统与信仰的关联，就像一种理想化的人民形象，身处当代又继承传统本质，并且不失高贵信仰——这样的见解无疑本身即是理想。正是这样的理想激发巴瓦，在科伦坡市郊造就了成为当地与国际、历史与现代的综合体的议会岛建筑群。而巴瓦，则成功地展示了现代斯里兰卡无论是建筑还是一个人的迷人形象。

所以，世上存在过的建筑都是活着或者曾经活着的，就和人类的生命一模一样。一座房子就是一个人，一个让我们或者爱或者恨，或者无可奈何的人。我想如果建筑师不是基于这样的见解，他们是怎样让自己充满激情地去造房子的呢？

建筑，仅仅是建筑，还是一个生命体？人与建筑的关联，本质是什么，重点是什么？当我们发现在混乱的世界中，最先代表混乱的竟然是建筑，那么这个发现与内省并不亚于文艺复兴时代的苏醒。即使在一座世界上独一无二的古老城市里，在混乱的合谋中，还是有人哀悼那些被摧毁的古典主义美丽建筑，那些曾被无与伦比地设计、建造过的城墙与园林。

南宋时期被称为东方的文艺复兴时代。在南宋的老城墙倒下之后，绿城，以欧洲古典建筑开创了古城全新时代。20年来，一座座欧式别墅、庄园，像天上的星星划过大洋彼岸，掉落在江南的青山碧水之间……

宋卫平，绿城创始人——小时候听着爷爷讲故事，看着奶奶绣布鞋的那个孩子，也许某一天站在一座自己造的西方豪宅别墅前，心里会有些难过。于是，他用10年的时间，来造一篇童话，一篇美得让人忧伤的故事——江南雨，下了又下，就像五月的栀子花，在门前开了又开，洁白、清香。

如今的绿城，要为世界呈现自己——中国的江南。

江南河的故事

场地——所有故事的现场舞台。一条花朵缤纷的河流，终于从桃花源、九溪玫瑰园流向了大运河。一个新的起点，一条更长的河流在等待着他们。

世界上有很多美丽的河流，莱茵河、多瑙河、塞纳河，名城依水而建，也可以说名河依城而流。城与河，天荒地老或名垂青史，比如中国大运河，世人瞩目的世界文化遗产。

流到江南，大运河就到家了，最后这一程，百姓自古就叫它江南河；大运河从北方到南方一路都有桥，最后一座桥，先人取名"拱宸桥"。

拱宸桥，这桥名就是历史，桥自身就是故事。它高大弯曲的桥脊、拱圆的桥洞，很像古老的先人拱背抱拳的模样。1000多年前，拱宸桥桥头就是迎接皇帝下船进城的"场地"。历代官员先后十一次，在这个场地隆重上演拜接皇帝的大戏。"宸"，意即帝王住的地方。天下莫非王土，乾隆六次走过拱宸桥，他心里一定是欢喜："又来了。"

2015年，时光如星云穿越。拱宸桥畔运河水，2000多年来汇集帝王之气与民生万象，就像这座城市的心脏与血脉，成为江南的标志。

所以，在这片特殊、尊贵并且唯一的土地上建造房子，我们完全可以说，这是绿城的幸运，亦是绿城20多年来的最大挑战。城市宅院"江南里"诞生在拱宸桥西岸，自此又一篇江南颂歌开始传唱。

"君到江南见，人家尽枕河。古宫闲地少，水港小桥多。"古诗中的江南，如此烟柳画桥。"褐色的老木窗下，河水潺潺流动。青瓦白墙的宅子屋屋相连，依河而坐，漆门铜环，清清淡淡的，弥漫着水气，轻灵得像一幅画被定格在江南的绸缎上。"永远的故乡民居，仍活在一代代江南学子心中。

拱宸桥夜景

　　江南梦幻，吟诵几千年。新世纪初始，绿城梦回江南。2015年，东方的现代建筑探索之旅，再次升华进入新起点。

　　绿城别墅营造至今，江南里是集大成之作。从2003年开始，我们对城市中式宅院的创新和探索，展现了当代城市中式别墅营造的最高水准。10多年来，绿城已经成为全国城市中式别墅的引领者，其中如云栖玫瑰园，已排名2014年全国豪宅序列。

　　那么，视建筑如生命的绿城，要如何"集大成"于江南里，才能在大运河流过江南里的身旁时，让人们带着惊喜的目光呢？

　　"你认为哲学很难，"《逻辑哲学论》作者维特根斯坦说，"可我告诉你，跟成为一个优秀的建筑师相比，它根本不算什么。"

在江南里寻找江南

始终有一位引领者告诉绿城人，建筑的本质是城市生命的延续。2003年，年前，绿城树立开发中式别墅的里程碑，而这本身就是一个建筑——一个建筑在人文情怀上的理想。当中国打开大门时，西式别墅是世界与新贵的相逢，建筑的价值似乎都体现在欧式豪宅上。"那时我们心里根本没有底，大家都建欧式别墅，有钱就是要住和外国人一样的房子。古老的中式房，还有人买吗？"袁爱军（江南里项目总经理）回忆当初的困惑，"没想到，这中式楼盘比西式的卖得还好。中国人都有中国情结，还是喜欢自家的老样子……"于是绿城明白，路走对了。

而后他们发现了一个巨大的潜在市场，这市场一直在国民的内心深处——寻找自己和城市的根。

江南的古建筑，是江南人民千古智慧的物化与体现。如果说一切都是浮云，那么还有建筑不是。老房子最懂江南，它们就是江南的魂魄所在。袁爱军说，江南里的设计也像流水般生动——"江南里的名字几乎就是水到渠成的——江南河边上的江南里弄。我们和设计师共同探讨江南的里弄文化，包括它的背景、结构、意义、情怀等。虽然已经做了十几年中式设计，但是这次我们依然面对着一张白纸。因为这一个江南里就是一张能画最新最美的图画的白纸，就是绿城从来没做过的城市中心独栋江南院落。它是相连的楼盘，却又是每户不一样的独家楼院。设计师要在大运河边看河水，看古桥，从日出看到日落，从冬季看到花开。我们观察光线如何透过墙院，看桥头人家平安淡定的生活与精神如何融入江南里建筑的气质、氛围……总之，绿城要求设计师画的不是图纸，而是意境。"

那就造一片江南意境。

看场地，寻古居，走坊巷，写论文，然后设计图纸。一次、两次、三次，江南里规划设计曾经三次惨遭滑铁卢——绿城三次摇头，不行，不合，不像，不像那片意境，不似那片情怀。那到底要怎么样的呢？宋卫平只说了一句，简单却意味深长："如果我们的业主能在江南里迷路，这个设计就成功了。"

也因此，有了这迷宫般的江南里。

蒋愈　杭州江南里建筑设计师　　　　　　　　宋淑华　杭州江南里景观设计师

营造者说

中国的江南古韵

The Ancient Elegance of Jiangnan in China

江南忆，最忆是杭州。绿城最惬意的城市中式宅院开篇之作拉开了帷幕。

从追求人与建筑、环境和谐共生的哲学，发展到"进入式"的人生哲学，即改变建筑环境相对独立、内敛自得的居住态度，转向人文历史与城市地脉紧密结合的生活方式——以不失现代生活标尺的方式，回归本土的传统人文精神与高贵信仰。

"江南里"生逢其时，成为体现绿城转变时期的里程碑式建筑。新的使命带来新的思考与方向，江南里规划设计经历了裂变和破壳再生的过程，如一场江南季风，磅礴而出。

杭州江南里

江南里整个地块共3.4万平方米，总建筑面积5.1万平方米。在这片世界遗产保护区内，1903年，李鸿章的远亲高懿丞来到拱宸桥西侧，接手开办当时"国人自办最大的通益公纱厂"。皇城热土，2015年绿城接手，此地转世成为76席中国院子。

这里还是百年前的古城洋关，市肆繁错，因此，建造典型的城市宅院用地不必山巅水际般疏阔。江南里以0.7的低容积率规划低层围合式院落，建筑形制采用纯城市中式元素：深巷里坊、曲径通幽；歇山顶结合悬山顶，粉墙黛瓦，朱栏绮户。

户型主要分为260平方米、310平方米、380平方米、400平方米四类，还有70～280平方米精装庭院。令人意外的是江南里赠送的160～500平方米地下室竟然层高5.7米，可让业主随心设计——加层变身，读书、娱乐、茶道、香道皆可在其中进行……

绿城人说："积20年之功力，方得一个江南里。"对于绿城，江南里不是项目，而是家。在回家的路上，绿城整合了一支国内顶级的设计团队：台湾设计界领军人物邱德光，他被誉为开创新装饰主义的东方美学大师；北京集美组执行总裁梁建国，他是全国百名优秀室内建筑师之一，作品多次获国际大奖。两位大师要为江南里各设计一套样板房，这是多么令人兴奋与期待的家园啊。喜欢梁建国大师形容自己的设计用的九个字，"中国魂，现代骨，自然衣"。那正是我们的"江南衣"。

江南里内部空间延续江南民居经典美学带来的礼仪感与领域感，同时又不失人性化的舒适感。虽是多户相连，比邻而居，但江南里的设计几乎是一对一的，没有一户是相同的。这是前所未有地体现江南风貌的房子。站在园区内，建筑隔而不断，邻里情义相通。江南意境通过一户多景多元的内部与整体结构精心设计，使大运河畔的气韵绵绵不断……

杭州江南里

江南意境并不仅仅体现在那些世人熟知的建筑符号（如马头墙、朱漆门、吴王靠、花格通风窗、堂与厅之间的连廊和天井楼阁等）上，更在于这些表现意境的方式自身的"生长性"。

江南是一直活着的意境，它的元素是生长式的。比如过去的江南街坊陌巷，真的像一座座迷宫，孩子们会在里面跑得无影无踪，却又一下子钻出来。这些迷宫，依山的顺着山势弯折，临水的恋着水向蜿蜒。它不像北方古民居，一条廊轩数百米望不到尽头，它们会根据地形生长出来，或长或短，可直可曲。所以我们的设计很少有单一尺度，只随着自然去生长，去找节点。突然一拐弯，山边一个节点出来，它可以是由很多江南元素形成的，如池塘、花、树、石头等。每一户都不是横平竖直的，而是迷你网络型的。

江南意境的秘密在于，那些看似无序的庭院却又是有序的。你碰到一道楼梯不知往哪里去，突然转角却又走回来了，好像一个人走过千山万水之后，发现又回到了原点。这是江南里弄文化的宽厚与包容，它总能让你找到回家的路。

这也是一次前所未有的地脉文化探寻之旅。绿城设计师通过江南里的再学习、再打造，不但让建筑内外空间相通相接，对园林设计做出生动转变，更是让自己的生命和绿城的命脉融入建筑之中。生于斯长于斯，才能生生不息。

如果说绿城过去建造的别墅是给人度假的，那么江南里是让人过日子的——过那种几乎失传的，可玩、可赏、可用、可藏的欢喜日子。

那是杭州的梦，让世界看见我们——中国的江南古韵。

（本单元内容原载于《HOME绿城》第102期，2015年。有修改）

Part 10

曲阜论语

孔子博物馆

The Analects of Qufu

——

孔子博物馆

地理位置：山东省曲阜市孔子大道以南，东西104国道之间，
　　　　　蓼河公园以北

占地面积：约0.55万平方米

建筑形态：博物馆

开工时间：2013年2月18日

交付时间：2018年12月31日

规划与建筑设计：北京市建筑设计研究院有限公司

景观设计：上海绿城风景园林设计有限公司

博

The

Analects of

Qufu

孔子博物馆 曲阜论语

博

"为政以德，譬如北辰，
居其所而众星共之。"
建造一座孔子博物馆，
其实就是建造中国人信仰的人间景观。

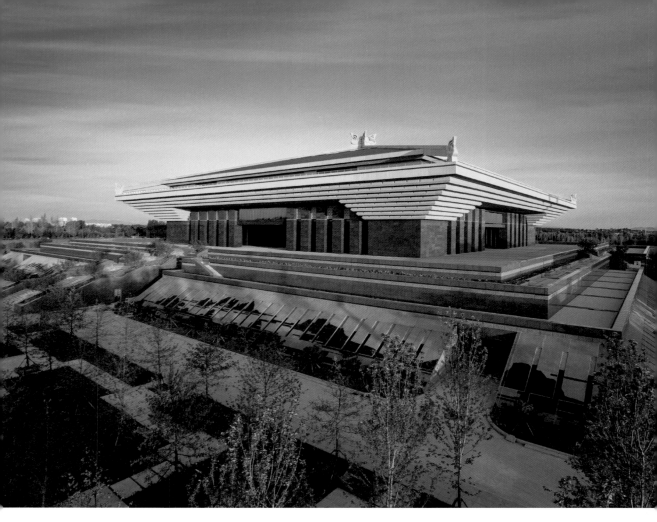

博

人文 · 地脉

东方圣城 "新三孔"

Three New Confuciuses of the Holy Oriental City

从前曲阜"望之俨然"

从传承上看，曲阜是一座大城。远看曲阜，一派庄严肃穆，人人彬彬有礼。

曲阜被称作"东方圣城""孔子故里"。除了孔子，儒家思想重要代表人物颜回、子思、孟子，匠圣鲁班，中华始祖轩辕黄帝等也都诞生于此。

悠久历史、灿烂文化、厚重积淀，都给曲阜留下了极为珍贵和丰富的文化遗产。曲阜声名远播，被西方人誉为"东方耶路撒冷"，又被评为"世界特色魅力城市"，已成为独具特色和中华文化感召力的旅游名城。

在曲阜，随处可见"圣城"招牌，这是一座至今仍活在历史中的城市。曲阜人介绍这座城市，总是会从三皇五帝开始说起，让人对其光荣血脉肃然起敬。在曲阜街头随处可见圣人孔子的语录，时刻提醒着你"德不孤，必有邻""斯文在兹""四海之内，皆兄弟也"。

早在远古时期，人类就已经在此营建聚落。据文献记载与考古材料证实，曲阜作为诸侯国鲁国的都城，至迟在西周时就开始其建城史（约公元前900年—公元前249年），并孕育了灿烂的先秦鲁文化。当时，整个鲁国都城面积约有10平方公里，周环城垣城壕，道路纵横平直，大型夯筑建筑聚集成区，是中国古代城市规划与建设的经典案例之一。

按北京大学中文系教授李零的说法，中国有两次重要的大一统：一次是"周公吐哺，天下归心"的大一统，也是孔子梦想恢复的西周大一统；另一次就是秦始皇灭六国而再造的大一统。此后，中国全部的历史，都围绕这两个重要的大事件而绵延。所谓大一统，就是古人眼中的世界，中国人称之为"天下"。

曲阜之所以是座"大城"，正在于此城绝无边界，能让孔子打开眼界和胸怀。这也就是《孟子》中所记载"孔子登东山而小鲁，登泰山而小天下"的寓意。孔子登上山顶，举目四望，东观大海，南瞻吴越，西眺秦晋，北顾燕齐，为其日后的周游列国先做了一番瞭望。

曲阜100公里远处，就是东岳泰山。五岳之中，只有泰山行封禅，历代帝王都拜泰山。秦始皇之后，还有五个皇帝来封禅——汉武帝、汉光武帝、唐高宗、唐玄宗、宋真宗。为什么要来泰山？因为从孔子登临之后，泰山就代表"天下"。这里是太阳升起的地方，泰山也因之成了五岳之首。

曲阜的"大城"概念，来自如下一份城市简史：秦汉建立起统一帝国之后，曲阜仍是重要的地方城市，但在此后逐渐走向衰弱——城市尺度减小，城市功能与结构趋于简化。在东汉前后，曲阜城市面积缩小到周代时的三分之一。至北宋，更出现城庙分离的现象，在城东一度另选址新建了仙源县。至明清，为保护孔庙，曲阜城被重新"移城卫庙"，整个城市的规划与营建围绕孔庙、孔府展开，形成了中国城市史上特殊的宗教文化城市类型。其中，"三孔"（孔庙、孔府、孔林）突出地位所构成的城市空间布局非常独特。

孔庙成化碑上，镌刻着"朕唯孔子之道，天下一日不可无焉。有孔子之道则纲常正而伦理明，万物各得其所矣"。正是这样的表述，让孔子成为中国文化史上不可取代的存在，也奠定了2000余年中国文化的基石。

公元前478年，孔子去世翌年，鲁哀公秉承周礼，因其三间茅屋旧宅立庙祭祀，为祭孔之始，也是孔庙由来。唐宋以后，儒家思想蓬勃发展，曲阜阙里的孔庙及孔府建筑群作为祭孔的重要场所，建设规模不断扩展。至明清之时，"三孔"规模达到鼎盛。

左图：雪后的孔府，一派肃穆庄严

右图："生民未有"牌匾

　　孔庙是古代封建王朝祭祀孔子的最大的"文化道场"，共有殿、阁、庑、堂、祠466间，并有54座门坊、1200余块碑碣，占地327.5亩，南北长达1公里。这座庙宇，与北京故宫、河北承德避暑山庄并称为中国三大古建筑。

　　北京故宫与承德避暑山庄属于帝王和政治，而孔庙则属于圣人和文化。孔庙里处处显示出对孔子无以复加的崇拜，随处可见"德侔天地""道冠古今""生民未有"这样的绝对性赞誉牌匾。孔子死后成了帝王之师，所以连皇帝也得对他敬畏三分。

　　孔庙红墙黄瓦，这本来是帝王专享的颜色。孔庙主殿大成殿，使用了28根石雕龙柱。在古代，龙是帝王象征，龙的符号为帝王所专享。而孔庙大成殿光龙柱上就有1296条龙，这些龙形雕刻，在皇帝来祭孔时就会用红绫遮起来，以免皇帝看了嫉妒。

左图：孔子塑像，在曲阜城随处可见。最高的一尊像高16.928米，据说是因为孔子的生日是公元前551年阳历9月28日

右图：孔林内的孔子墓葬。墓碑上"大成至圣文宣王"是明代书法家黄养正所书

　　不仅孔庙享有帝王待遇，大成殿内的孔子塑像也是帝王扮相：头戴十二旒冕，身穿十二章纹王服，手捧镇圭，并且全身涂金。当年那个周游列国不为所用的孔子，后来不由自主成了道德君王。在曲阜，孔子被无限神化，而他的直系后代也被圣化了。俗称孔府的衍圣公府，住的就是孔子的嫡系后人。孔府分三路布局，九进院落，建筑463间，占地240亩。衍圣公府历经三十二代主人，其间江山多次易手，而这一府第从来都姓孔。

　　至于孔林，则是世界上延时最长、规模最大的家族墓地。孔林位于曲阜城北泗

孔林中的翁仲（翁仲是古时墓前所立的石刻守护神，一般有文有武）

水之上，占地3800亩，垣墙周长14.5里，自从孔子殁后葬于此，这里就成了孔氏家族的专用墓地。孔林里埋葬了相传是《中庸》作者的子思、作《桃花扇》的孔尚任这样一些著名的后嗣，也埋葬着数十位爵尊位高的衍圣公，更埋葬着十万有余的普通孔氏后人。一直到现在，孔林还可以葬人，只要是孔门后代并符合国家殡葬要求的，交一笔土地使用费，就可入葬孔林。但孔林也有"三不埋"：不满18岁的人死后不能进孔林埋葬；犯了国家王法被判死刑的人不能进孔林埋葬；虽是孔姓妇女但已嫁出去的女人不能进孔林埋葬。

曲阜之"大城"地位，还来自历代政权与孔子学说的纠结关系上——从西汉高祖到清高宗1700余年间，先后有12位皇帝亲诣曲阜阙里祭祀孔子，次数计20次之多。可是，20世纪的历史记忆并不愉快，一次是试图复辟的袁世凯重新将儒家立为国教；另一次，则是蒋介石的国民党政府先废除官方祭孔仪式，一年后却又欲以儒家美德摆脱内忧外患……

历朝历代中国人对于孔子的态度相当耐人寻味，这是一种爱恨交加却又难舍难分的关系。我们一边在抱怨他的思想限制了自由，一边又发现没有这些说法我们就找不到现实存在感。我们一边把孔子当成不食人间烟火的文化圣人，一边又烧香叩拜求他保佑各种尘世愿望变成现实。

孔子的一生，既无高潮，也无低谷。活着的时候，他的主要抱负无一实现。毋庸置疑，一直到他去世之前，每个人都认为他是个失败者，他自己也持如此看法。孔子根本无法想象他死后获得的人间荣耀，那是一次又一次"别人"的解读与书写。17世纪时，孔子曾经是整个欧洲知识界的楷模。几百年过去了，他能在21世纪再次代表中国人的智慧吗？

在曲阜，很难找到制高点去俯瞰一下这座古城——城墙上不去，钟鼓楼也上不去。据说，曲阜市政府在新中国成立以后曾出台一项规定：曲阜老城区内所有建筑的高度不许超过孔庙大成殿（大成殿殿高24.8米，是东方三大殿之一，是祭祀孔子的主要场所）。不许赶超，是因为孔子"集古圣先贤之大成"，功高莫名，是至高无上的圣人，所以任何建筑都要低于大成殿。

你看，圣人孔子曾经生活过的曲阜，正是这样被反复修辞和重重规定建构成一座"大城"，也因而承受着时代沉积而来的压力。孔子第七十六代孙孔令绍，时任曲阜市委宣传部常务副部长，他以这样的比喻来形容曲阜这座"大城"的现实压力——"我们曲阜人就像负重的蚂蚁，不敢轻举妄动，也不能一点不动。我们必须小心翼翼，使出全身力气，让曲阜在历史的重负下慢慢有所改变。"

周公庙

今日曲阜"即之也温"

从体量上看，曲阜是一座小城。走进曲阜，此城温和可亲，充满草根活力。

1982年经国务院批准的首批历史文化名城有24个，包括北京、承德、大同、南京、苏州、扬州、杭州、绍兴、泉州、景德镇、曲阜、洛阳等，其中曲阜到现在还是唯一的县级市。从这个角度而言，曲阜的"县城"身份与其大力标榜的"东方圣城"并不匹配。

再说曲阜有多小。听一串数字就能知道个大概——总人口65万人，城区人口15万人，五分之一的人都姓孔。全城总共268辆出租车、26辆旅游马车，花5元、10元钱就能在城里兜一圈。你很容易就会发现，这座号称拥有世界文化遗产的旅游城市，只在"三孔"附近才拥有相对繁华的街道和热闹的人群，离"三孔"稍远便立时显得冷清。整座城市似乎只为"三孔"而存在，基本没有其他的内生经济发展动力。

"这里是文物，不能动。那里也是文物，不能动。我们曲阜的历史文化既是招牌又是负担，一般的招商引资在曲阜很难成行。"一位曲阜官员介绍说。以"三孔"为主的旅游业是曲阜目前主要的经济支柱，其余产业收入都微乎其微，财政更是捉襟见肘。

在曲阜，很多人月平均收入不足2000元，他们就这样在老城里慢慢吞吞地过日子。颜庙对面，就是孔子学生颜回曾居住的"陋巷"。当年那种"一箪食，一瓢饮"的生活似乎还存在，但在物质极大丰富的今天，显然已经不合时宜。

在曲阜，总能碰到孔门子弟。孔子第七十四代孙孔祥丽，是带着我们参观"三孔"和尼山以及六艺城的导游。她的丈夫姓颜，来自曲阜另一个大姓家族。在她看来，曲阜的经济主要就靠旅游业了。托老祖宗的福，她每天给游客讲讲"家事"就能养家糊口，这无论如何也是份不错的工作。要说曲阜最知名的品牌，应该是曾经做过央视广告标王的孔府家酒，不过现在孔府家酒也几乎无人提起了。厚重历史对今天的影响，在孔祥丽看来是曲阜人的观念仍然过于保守：一是不能放开手去搞活经济，曲阜人难得出门闯天下；二是"男女授受不亲"这种看法仍然根深蒂固，异性男女在一起总要面对异样眼光。

孔子第七十六代孙孔令龙今年28岁，他在孔林旁边做骑马的生意。他有两匹看起来很结实的马，是花了2万多元钱从东北买回来的，游客花20元钱就可以骑马绕马场跑一圈。夏天游客多的时候，他一个月能赚三四千元；冬天淡季人少，收入有时1000元都不到。他父亲有辆马车，是曲阜限牌的26辆旅行马车之一，10多年了，每

曲阜随处可见石碑刻文

天拉着游客往来于"三孔"之间，收入一直都很稳定。我们问孔令龙，孔子所说的"六艺"里的"御"到底是什么意思，他憨厚笑着，说就是骑马和驾车的意思，把他父子俩的营生全包括进去了。

虽说"君子喻于义，小人喻于利"，但关于钱的事情不可不说。由于年代久远，曲阜很多景点和文物都面临着修缮。"不说别的，前年光孔庙大成殿后面的寝殿就花了800万元，颜庙大修花了2000万元。可国家拨下来的资金才700万元，连修一个寝殿都不够，其余的只能靠自己。"曲阜市文化和旅游局有关人士这样介绍说，"三孔"有好多游览点面临修缮，可是资金短缺成为最大困难。我们在实地探访过程中对此也深有体会，不少殿堂都搭着脚手架在大修。而像周公庙这样赫赫有名的地方，似乎因为长时间缺乏相应维护，隐约散发出一种被荒弃的气味来。偌大的殿堂里，只放置着周公一尊孤单的塑像。院子里空空荡荡，杂草丛生，石碑残破，百废待兴。

孔令绍说，目前"三孔"维护只能靠曲阜地方财政和经营收入，国家不允许社会资金注入，在筹资渠道上略显单一。前几年，因为资金问题，孔子文化节差点改在别的地方举办，这着实让曲阜人感到尴尬。一直以来，关于"三孔"等旅游景点门票票价的讨论没有停止过，就因为经费紧张所以票价一涨再涨。曲阜本地人一周也只有一天的免票参观时间，所以很多曲阜人说自己从来没去过"三孔"里面。

"天不生仲尼，万古如长夜。"这是后人对孔子的文化性推崇。除掉这种文化性推崇所带来的"历史包袱"，作为地方官员和孔子后人，孔令绍更强调孔子这张金名片为曲阜带来的经济利益，以及有这样一位老祖宗为孔门后代带来的家族荣光。

孔子的很多语录都会出现在曲阜的街头巷尾，曲阜人几乎随时都能引用几句。不会再有哪个地方的人这么熟悉孔子的经典。在当地，只要追溯三代，几乎每一家都会与孔姓人家有或远或近的亲戚关系。如果你这代没有人与孔家结亲，那么你的母亲或者你的祖母可能就是姓孔的。在曲阜，有句俗语叫"无孔不成席，无孔不成村"。

借着孔子的品牌效应，曲阜很早就开始举办孔子文化节。在2004年，曲阜第一次把祭孔的规模拉到了官方层次。随后的2005年、2006年，又相继举办了全球同祭孔子、海峡两岸同根祭孔的活动。原来中国各地都有一个不约而同的口号，叫"文化搭台，经济唱戏"。其实，随着各种各样与孔子有关的活动开展，曲阜人逐渐发现，文化本身就是经济。典型的案例，就是曾经曲阜上级市济宁要在九龙山附近建设的"中华文化标志城"项目。九龙山，横卧在曲阜和邹城之间，"山形起伏，其数凡九"。从曲阜出发，沿104国道走10公里左右，穿过小雪镇，就能抵达。此地东出孔子，西出孟子，当然是建设"中华文化标志城"的理想之地。项目发起者是一个叫"华夏文化纽带工程"的机构。2003年，这家机构就曾在接受采访时表示，要在孟子故里邹城建设一尊占地55亩的孟子像，但后来就没了下文。再后来，是这家机构在北京密云县云蒙山南麓云龙涧风景区搞了一个中国最大的摩崖石刻，并把2008年北京奥运会的会徽刻到了山上。

这几年，能看到以孔子为代表的国学热潮渐起。于丹的一本《于丹〈论语〉心得》卖出上千万册，并因此成就了"于丹现象"；至2011年，全球有102个国家和地区设有孔子学院349个，孔子学堂400余个，注册学员约50万人；2012年9月28日，曲阜在孔庙举办了官方的壬辰年公祭孔子大典；2018年央视中秋晚会，曲阜主会场参与全球直播……

与之相应的，是曲阜现在有很多"工程指挥部"，政府部门专门设置"马上就办办公室"，全市设立"人人彬彬有礼学校"，计划让所有曲阜人都能通过经典教育变得彬彬有礼……

所有这些，都意味着曲阜可能的机会。还有一个好消息是，曲阜在创建文化经济特区。

2012年12月5日签署的一份《关于合作推进山东文化强省建设框架协议》，决定针对文化建设将曲阜及周边文化资源富集地区作为"特别地区"对待，实施"突破曲阜"战略。自此，政府对该区域内文化产业与相关产业融合发展以及举办孔子文化节等给予重点支持，并对曲阜国家级文化产业示范园区建设从政策和资金上给予重点扶持。山东省政府立项规划建设孔子博物馆，国家文物局及有关单位给予重点支持。

从血缘存在、政治存在，到文化存在、商业存在，曲阜这座历史文化名城，借由孔子品牌，正在由"小城"成长为真正的"大城"。

今天，因为孔子，有两条国道、两条高速公路与两条铁路必须经过曲阜，京沪高速铁路也必须在此设站。从杭州到曲阜，高铁4小时可达；从北京到曲阜，高铁2小时可达。周边济宁、菏泽等地的人出行，都要到曲阜来搭乘高铁。汉唐风格的曲阜东站，停满了各色汽车，曲阜古已有之的慢，正被高铁一日千里的快所拉动。

还有一则有意思的材料在此：1904年，勘测津浦铁路时，原计划经过曲阜，且离孔林西墙很近。当时的衍圣公孔令贻闻讯非常着急，他向朝廷连夜递交呈

孔子博物馆东部朝圣平台之上高大挺立的孔子铜雕像

文，称铁路到此必将"震动圣墓""破坏圣脉"，使祖宗灵魂不得安息。这种说法很有效，结果朝廷下令，让铁路在经过曲阜时拐了个大弯，向西南绕行而去。

百余年之后，这个故事就像个隐喻，意味着曲阜终将被纳入现代文明的轨道。这并没有什么不好。

绿城曲阜"其言也厉"

"绿城曲阜衍圣文化发展有限公司,光是这个公司名字,最初就拟了一百多个备用名。"公司项目总经理刘圣明笑着说,"我从一百多个名字里挑了十几个请宋董定夺,宋董都不满意。宋董说,这公司非为房产而去,与那个文化项目关联更贴切。最后时任曲阜市委书记李长胜定了这个'衍圣',一语双关,一是说公司要衍传圣人孔子文化,二是孔子嫡裔孙世袭的爵位就是'衍圣公'。"

刘圣明身为绿城曲阜项目负责人,当时刚到曲阜一个月时间。他对曲阜的感受,是一种"跨文化冲突",以此为契机,也对绿城曲阜项目本身有了更深的认识。他是浙江衢州人,那儿也号称是"南孔之地",但他发现曲阜这里的人更注重面子,与浙江商人务实求利的思维迥异。为什么会这样?其实就是北方的"耻感文化"与南方的"实利文化"相冲突。以此作为比对,他才慢慢理解了宋卫平所说的"意义大于收益"的深层意思。一句话,就是在曲阜这座"东方圣城"做项目,千万不要将其仅仅理解为是纯商业项目,也不要想着赚快钱、获大利。

理所当然,取名工作就是绿城曲阜项目的重中之重。为此,刘圣明的前期工作就是马不停蹄地拜访曲阜的各路文化名人,听他们从三皇五帝讲起,听他们讲述对孔子博物馆的理解和建议。然后,据此不断调整自己的方案。

"我一开始对这个项目有困惑,我理解的其实是绿城就是代建一个孔子博物馆,别人出方案定调子,绿城出钱干工程,之后就去做我们的商业地产。这其实是件再简单不过的事,为什么一定要参与意见讨论?后来我才认识到宋董的理想主义与超大格局,他是学历史出身的人,对中国传统文化有使命感,希望绿城能通过曲阜项目重新理解国学,也能在这个物欲横流的时代重新找回信仰。这种认识改变之后,我对绿城曲阜项目充满了激情,我觉得这是一件了不起的事,也是绿城渡过危机之后的一次转型升级。"刘圣明初到曲阜时,单枪匹马,后来手下有了四五十号人。他坦陈自己对项目一开始认识不足,但后来则觉得此事意义非凡。

在刘圣明的想象中，建成后的孔子博物馆，应该让所有中国人有"回家"的感觉。在这里，可以领略国学之美，可以看到彬彬有礼的中华文明源头，可以着汉服感受"禅茶书琴香"的中国古典意境，可以听到关于国学深入浅出的讲解与导引，可以看到"孔子的历史"并思索"历史的孔子"……

而关于绿城曲阜的商业地产项目，他的理想，是在曲阜传达好绿城"真诚、善意、精致、完美"的核心价值理念，将房地产产品视为承载人类精神、传承人类文明的载体，带着强烈的历史责任感和深切的人文关怀，致力于为城市创造美丽，为社会创造文明、和谐、温馨、优雅的人居文化，为历史留下值得典藏的建筑艺术精品，形成绿城独特的中国人文城市开发模式。

建筑解析

曲阜新说

New Story of Qufu

从趋势上看，曲阜是一座特区。绿城到来，态度一丝不苟，用建筑弘扬文化。

香格里拉酒店的建设以及绿城的入驻，成了曲阜对外招商引资的活广告。通常的表述是这样的：最好的酒店香格里拉和最好的房地产企业绿城都来了，你们还犹豫什么？

序厅：大哉孔子

绿城曲阜项目，系其出资建设孔子博物馆，同时对孔子大道以北、大成路以东、弘道路以西、盛才路以南区域进行综合开发建设。

作为中国最具文化内涵的房地产企业，这是绿城首次签约一个文化综合体项目。绿城为何如此看重曲阜项目？为何执意建设一座责任艰巨的孔子博物馆？

要回答这个问题，就必须提及宋卫平一直所秉承的理想主义精神。在他看来，绿城曲阜项目的意义远远大于收益。建造一座孔子博物馆，其实就是建造中国人信仰的人间景观。儒家思想是所有中国人的文化之根，它不应该只是高高在上任人顶礼膜拜，而是需要与人充分互动让人直接感悟。正是在这个意义上，绿城坚持要把孔子博物馆变成一个可以"留住人"的新空间。也只有"留住人"，才能真正拉动曲阜经济，让曲阜文脉延续，给曲阜营造一个真正"温文尔雅"的城市空间。

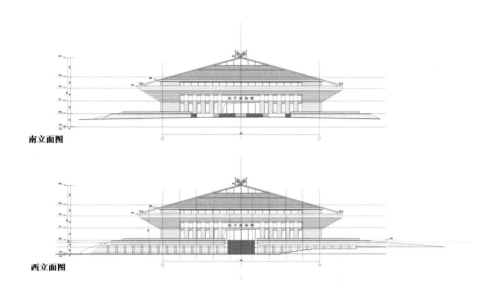

南立面图

西立面图

孔子博物馆立面设计图

在这座"东方圣城",绿城出资5亿元建设孔子博物馆主馆。同时对附近区域进行开发建设,以此作为投资回报。这个项目是曲阜城市建设和文化产业发展上的重大突破,亦是绿城承担社会责任和历史使命之举。

对于绿城来说,项目难点有二:一是孔子博物馆建筑方案已定,都是"规定动作",能自由发挥"自选动作"的空间不大,如何做出新意?二是附近区域的地产开发建设虽可作为投资回报,但曲阜目前整体房产水平不高,应如何"适度"开发以及怎样控制成本?

事实上,早在20世纪70年代末,曲阜"十字花瓣"式的城市空间布局就由中科院院士吴良镛先生基本确定。针对曲阜历史古迹保护和城市规划建设需要,吴先生建议以曲阜旧城为中心,并分别联系北部孔林、南部雪泉风景区、东部新城区和北

左上图："大同理想"

右上图："儒学行世"

左下图："道贯古今"

右下图："中国道路"

部文教区，形成"十字花瓣"式的城市空间布局。这一规划构想为《曲阜城市总体规划》所采纳，并且成为曲阜城市空间此后布局的基本原则。

　　1996年，曲阜筹建孔子研究院。曲阜旧城以南大成路沿线，集中建设论语碑苑、孔子研究院、孔子博物院和曲阜书画院。以此"四院"形成"新儒学文化区"，作为未来曲阜城市文化中心，分别联系北部以"三孔"为代表的历史文化区、东部工业开发区、西部文教区和南部城市新区，形成新"十字花瓣"式空间布局。

"永远的孔子"

孔子博物馆主馆总建筑面积近4万平方米，整体计划投资7.83亿元左右，项目建设周期6年。尼山圣境、孔子博物馆、孔子学院总部儒家思想体验中心，现在成了曲阜的"新三孔"系列项目。

因为建筑方案已定，绿城接手孔子博物馆项目后，反复开会要探讨的就是改变内部展陈方式及参观者参观路线、到达场所设计，力图营造一个可亲可近的孔子，让人进入这里即能被孔子所代表的儒家学说所感动。在绿城的理解中，孔子更应该是人而不是神，就像孔子学说最核心的是倡导"仁爱"与"和而不同"一样。进入这个空间的第一感受，不应该是膜拜，而应是体验，是去感受孔子思想里的温暖光辉，是去领略曲阜这座古城的全新意味。

吴晨　吴良镛先生之子，现为北京市建筑设计院
副总建筑师。设计了孔子博物馆建筑方案以及新
的城市规划方案

营造者说

建筑是讲故事的外壳

Architecture Is the Exterior of Story-telling

　　绿城在曲阜会推出什么样的房子？往大里说应该是"当代精品，未来遗产"，往小
里说应该是曲阜最有人文品位的房子，也会成为曲阜的地标作品和高品质居住生活区。

　　我认为曲阜的城市规划有个轴线设计，城市轴线向南延伸，也就是现在的孔子博
物馆所在的区域，预示着城市新发展的空间方向。当年的孔子研究院之所以获得了很
大成功，原因就是在城市空间上界定了新的地标。现在的曲阜东站，最初是由铁道设
计院做的方案，后来由我重新调整了整个建筑立面。在这条轴线上，孔子国际文化交
流中心是高潮，曲阜东站是延续，大成路与孔子大道是个关键节点。目前，曲阜的城
市规划相当完整，立意点非常高，能够实现承上启下，同时有更大的想象空间。这正
是对"十字花瓣"式格局的诠释与实践。

从整个孔子博物馆的建筑群创意出发，我们最初一直在考虑到底什么元素能形容孔子思想。后来结合论语"为政以德，譬如北辰，居其所而众星共之"，并在建筑风格上对大成殿和汉唐建筑风格进行融合，便有了现在的设计方案：蕴含至高无上的寓意，体现中国文化源头，并满足多种文化功能需求。

绿城对孔子博物馆的设想很好，符合其自身人文特点。在我看来，建筑就是个容器，反映的主要是承载的功能。建筑本身的改造过程特别漫长，而内部展陈部分则可以加快变动周期，以不断提升参观者的体验感。建筑不过是讲故事的外壳。孔子博物馆的建筑思想，主要就是讲求文化气质的对称与匹配，并在中间藻井引入自然光线，以此营造参观过程中那种心理的升腾感，这样在空间上就体现了孔子文化的不可替代性。

至于内容设计，建议充分考虑不同类型参观者的需求，结合共性与个性，将室内空间、动线组织、空间变化、光线布局等整体管理起来。我相信，这个建筑空间以及内部设计，将吸引更多的人来到曲阜，在这里亲身感受流传2500多年的孔子思想。

（本单元内容原载于《HOME绿城》第76期，2013年。有修改）

Part 11

世界之蓝

深蓝

The

Blue of the

World

——

绿城·青岛深蓝中心

地理位置：山东省青岛市南区香港西路南、东海二路东

占地面积：约22.7万平方米

建筑形态：超高层大型综合体建筑，包括超高层住宅、酒店式公寓、
5A写字楼、超五星级酒店、网点商铺等

开工时间：2012年

交付时间：2017年10月20日

规划设计：美国SOM(Skidmore,Owings and Merrill)建筑设计事务所
浙江绿城建筑设计有限公司
上海建筑设计研究院有限公司

景观设计：美国易道景观规划设计公司

The

Blue of the

World

深蓝

世界之蓝

从地平线到天际线，
从世界到中国，
从北方到南方。
中国3万公里海疆地标——青岛深蓝中心，
不仅是一座城市的信心，
更是一群精英的雄心。
它挺立于浮山湾畔，
足以让梦想照进现实。

人文·地脉

海边，云上
一种向上生长的愿望

At the Seaside, above the Clouds:

A Desire for Upward Growing

开篇

肖申克的救赎　没有比希望更好的事

"希望是好事，可能是世界上最好的事，从来不会丧失光芒。"

那部电影与耐心有关，蒙冤的银行家安迪用20年挖掘地道成功越狱。然后，他通过自己的引导与鼓励，将老朋友带到太平洋边的芝华塔尼欧，一座墨西哥西海岸小城。那里气候温暖湿润，是旅游度假胜地，也是足以安度余生的地方。在那里，太平洋的海水如同梦中一样蓝。

青岛，或许也是带给你诸多希望的安居之地。如同每个人都听过的崂山道士的故事，他终其一生都活在希望中，希望能随时穿墙而过，从此与众不同。

希望第一重，便在于绝佳气候——青岛地处山东半岛胶东地区，亚热带与温带气候过渡区，温带季风气候特点明显。由于地处沿海，受海洋影响较大，这里气候宜人，夏季不太热，冬季不太冷，昼夜温差小。此外，因为洋流走向和海风风向，青岛冬天几乎不下雪，而200公里以外半岛北部的烟台却有"雪窝子"之称。所以，青岛是一座非常宜居的城市。当你徜徉海边，感受海风吹拂，倾听海浪歌唱，才会知道什么是人间至福。

青岛夜景

　　希望第二重，便在于美丽风景——红瓦、绿树、碧海、蓝天。青岛之美无可争议，很多游客在青岛闲逛都会突然萌发安居之心，即兴式地买房置业，想着终有一天可以择此城而终老。"我在青岛的海边拥有一套房子"，附赠的是"清新的空气和一整座干净的城市"——想到这一切，怎能不让人陶醉其中？

　　希望第三重，便在于幸福感盈动——青岛，一座帆船上的城市，一座分享并延续着2008年北京奥运会梦想的城市，一座洋溢着动感和幸福的美丽海滨之城。青岛是一座友好的城市，是一座充满人文关怀的城市，是一座处处有温暖的阳光之城。生活在这样一座爱心之城，每个人心里都拥有巨大的愉悦。

　　希望第四重，便在于现代、便捷——除了风情与感动，为什么一定要栖居青岛？因为青岛堪称"沿海城市之冠"，比大连更前沿，比天津更漂亮，比上海更宜居，比厦门更发达，比深圳更闲适，比香港更放松，比三亚更生活，比北海更便捷……高速公路、跨海大桥、流亭机场、高速铁路、海上游艇、快速公交……所有这些流动物体共同构建了"现代城市之梦"。

希望第五重，便在于品牌汇聚——在这个消费年代里，你会发现青岛居然汇聚了当今中国众多著名品牌。穿的有即发、红领，喝的有青啤、即墨老酒，家电有海尔、海信、澳柯玛……品牌的背后，是青岛对创业者的致敬。

希望第六重，便在于文化生活——青岛节日众多，日常生活丰富。从市区的萝卜·元宵·糖球会，一直到具有浓烈现代色彩的青岛国际啤酒节，这是多年来青岛的文化积淀，狂欢与质朴相伴，透露的是此城中人们对生活的信心。

希望第七重，便在于世道人心——山东至今仍存古风，青岛人的热情都体现在微笑的脸庞上。青岛又是一座特别包容的城市，无论是外来务工者，还是本地居民，只要热爱生活，努力工作，他们都会找到属于自己的生活空间。这里没有许多大城市特有的孤独和冷漠，更多的是彼此的尊重与热情。街边排档，醉饮者酣睡于凳，总有店家特备棉被盖上。

电影里说：有一种鸟是永远关不住的，因为它的每片羽毛都沾满了自由的光辉。

现实中是：有一个岛是永远挡不住的，因为它的每条街道都布满了优雅的印迹。

想想看，有了这七重希望，我们是不是足以在青岛安度余生？

时间

燃情岁月   永远还是太远了

1995年，这部美国电影让无数人血脉贲张，因为那是传奇之作，也是矛盾之作。那是一个与情感救赎有关的故事，展现了人类与自然的神秘关系，爱情与生活的交织矛盾，战争与和平的永恒争论，血缘与社会的冲突回归……

换个角度而言，有120年历史的青岛其实也是这样一座内涵丰富的城市，它自有其独有的优秀特质。从1891年到2018年，绵亘3个世纪，这座以岛为名的城市，见证了中国120年多的风风雨雨，书写了120多年人世间的悲欢离合。这里既拥有中国历史最悠久的啤酒品牌，又因啤酒而形成国际性的城市盛典；这里既修建了中国最早的铁路之一胶济铁路，又诞生了新中国第一台蒸汽机车，中国最新型"子弹头"列车也在此下线；这里是中国最早开放的沿海港口城市之一，2008年奥帆赛的举办更让它从此扬名世界舞台。

电影里说："有些人能清楚地听到自己内心深处的声音，并以此行事。他们因此成为传奇。"观其百余年历程，青岛正是这样一座传奇之城。走在青岛的街巷中，一切不言自明。

对青岛而言，时间滴答作响，一切刚刚开始。

1891年

青岛建置。

1898年

青岛港口开建，首份建设规划图公布。

1899年

胶济铁路动工，5年后竣工通车。

1903年

英德联合开办日耳曼啤酒公司青岛股份有限公司（青岛啤酒股份有限公司的前身）。

1930年

国立青岛大学成立，1932年改名为国立山东大学。

1933年

青岛首开空中航线。

1949年

青岛解放。

1952年

四方机车厂成功试制出新中国第一台蒸汽机车。

1982年

崂山风景名胜区被国务院确认为第一批国家重点风景名胜区。

1984年

国务院决定进一步开放包括青岛在内的14个沿海港口城市。

1986年

国务院批复青岛实行计划单列。

1991年

举办首届青岛国际啤酒节。

1998年

被评为首批中国优秀旅游城市。

2002年

国内最新型"子弹头"列车——动车组下线，填补中国新型动车组技术空白。

2008年

举办第29届奥林匹克运动会帆船比赛、残奥帆赛。

2012年

GDP超7000亿元。人均GDP已超中等发达国家水平。

传承

拉洋片　青岛地标一路向上

　　拉洋片其实是"土电影"，是一种民间文娱活动：装有凸透镜的木箱中挂着各种画片，表演者一边说唱画片内容，一边拉动更换画片。观众从凸透镜中看到放大的画片，连在一起就成了电影的原型。

　　2010年，24岁的青岛女孩悠晴突然停止工作，开始上路——搭班车、摩托车、拖拉机和大货车，又颠又晃地进了西藏，带着相机和梦想去往珠峰营地。她一天之内，就从海拔5200米的大本营爬上了海拔6300米的冲锋营。据说，这种速度一般只有夏尔巴人才可以达到。

　　其实，悠晴这种一路登山的经历，正好比她的城市——青岛，一路攀升，不断抵达新的地标：从崂山、天主教堂、八大关、栈桥、火车站、

GULLY、青岛啤酒、奥帆中心、五四广场，一直到今天的青岛深蓝中心。这样移步换景的过程，也正如观看一场精彩的拉洋片表演，不由得就让人有置身其中的感觉。次第而上的传承之中，我们方能领略真正的青岛精神。

一、崂山·海上脊梁

崂山，有着海上"第一名山"之称，是道教发祥地之一。它以重峦叠嶂的姿态守护一方安宁，以"东海仙山"的气魄引得历朝君王登临拜谒。它是修行者的圣地，是齐鲁文明发源的母体，是海上的中国脊梁。

二、天主教堂·东西交汇

圣弥爱尔大教堂始建于 1932 年，钟楼高 55 米，一度是青岛最高的建筑。一吨重的十字架承载的是东西方交汇的文明，是青岛变迁的印记与接续，象征着一种通行世界的语言，在历史的进程中指引前行的方向。

三、八大关·万国建筑

八大关是最能体现青岛"红瓦绿树、碧海蓝天"特点的风景区，其主要大路以中国八大著名关隘命名，故统称为八大关。目前保有的多栋历史建筑，几乎体现了欧美近代所有建筑艺术的流变轨迹，如同一场永不谢幕的万国建筑博览会，以青岛的语言讲述世界传奇。

四、栈桥·百年奥帆

栈桥始建于清光绪十八年（1892 年），次年竣工。从木桥、水泥桥演进至今日石桥，几经修复，根基一直稳扎在海水中，见证了百年间的世事变迁。如百岁高龄的奥帆，由林立的帆船拼接而成，实现着青岛这座流动不息的城市衔接世界的梦想。

五、火车站·百年血脉

这是中国最古老的火车站，沿用至今。1899 年 6 月，德国成立山东铁道公司。火车站站房为文艺复兴风格建筑，平面为一字形，主体两层。19 世纪至今，火车站在三次改建中峰回路转，但跳动了 100 多年的城市血脉仍未停歇，连接着海国之梦。

六、GULLY·城市良心

5646 米长的地下暗渠，纵横交错的伟大的地下工程，是对德国工艺的客观赞颂，也是城市文化的基因与信心。100 多年前的远见与精确在今天变成了世界热议的"城市良心"，而城市地面的每个出口，更像不同时间盖下的一枚枚印章，以另一种形式留下了青岛城市化进程的佐证。

七、青岛啤酒·舌尖遗产

青岛啤酒没有慕尼黑的华丽，没有布拉格的古老，却有着大海的从容气质。百年沧桑与城市变迁同步，将严谨的德国文化与青岛的大海味道糅合酿造，积淀而成舌尖上的鲜活文化遗产，让人们对青岛又多了一份精神眷恋。

八、奥帆中心·世界之门

青岛因与北京奥运结缘而荣耀。今日世界眼中的青岛，正是那个扬起风帆的全球最美的 36 个港湾之一。奥帆赛在世界地图上重新标注了青岛，提升了青岛的国际知名度和影响力。而奥帆中心则以城市掌门人的姿态迎接全球宾客，它是城市敞开的胸怀，也是一扇自由的窗口，见证着青岛凭海而生的活力。

九、五四广场&一枝独秀·精神图腾

1919 年 5 月 4 日，北京三所高校 3000 多名学生代表，不畏生死，冲破军警防线齐聚天安门，打出"誓死力争，还我青岛""收回山东权利""拒绝在巴黎和会上签字""废除二十一条"等震天动地的爱国口号，要求惩办无能与失职的官吏。从那刻起，"五四精神"孕育而生。而其起因，正来自青岛。

复苏城市理想，拒绝百年遗忘。

现今，在这里，由杨惠姗携手绿城中国共同打造的室外琉璃作品——青岛市花山茶花造型的艺术雕塑"一枝独秀"，被称为青岛新的精神图腾。

十、青岛深蓝中心·中国3万公里海疆地标

100 多年前，当时的青岛建筑还在红瓦洋房上大做文章，而美国已经开始在纽约与芝加哥兴建超高层摩天大楼。百年间，摩天大楼已经作为国家实力标志向全世界蔓延，"攀高之风"成了全球地标热点。在今天的青岛，328.6 米的青岛深蓝中心完成了摩天建筑界的跳高，成为青岛 863 公里黄金海岸线与天际线上的城市地标。

2017年，全青岛向上看。一路走来，如同攀登珠峰，在每个高度都可见到不同的地标，这意味着全然不同的生命突破。

城市之中，大海之畔，有一种向上生长的力量。

青岛深蓝中心，就是青岛呈现给世界的光荣与梦想。

建筑解析

青，深而为蓝

Tsingtao, a Promised Land for Tsingtao Landmark

有人说，青岛的"青"，是青色的"青"，因为总有那"红瓦绿树、碧海蓝天"的色彩；也有人说，青岛的"青"，是青春的"青"，因为这座城市充满活力，就像一个朝气蓬勃的少年，骨子里有追求创新、澎湃的基因，不断创造向上生长的动能。

而这股磅礴的力量，不仅推动青岛勇立发展的潮头，也带领这座海滨城市挺进大洋，走向"深蓝"……

世界名楼之林的那一抹标记蓝

乔纳森·拉班在《柔软的城市》中写道："在城市之中，生活是一种艺术，我们需要艺术语汇、风格语汇来描述人和材料之间的那种特殊关系，这种关系存在于都市生活持续的创造性的综合作用之中。"

倒不是说城市之中的生活"讲究"，而是对于青岛而言，即便它早已是环渤海湾大湾区上的经济明珠，但在以前，谈及"城市品质生活"或"城市顶级形态"，人们似乎并没有深刻的印象。

或许，这样一个日益蓬勃发展的城市，迫切需要一个代言的标识，它是现代经济的产物，承载着企业或者组织的无形资产。它可以是历史遗留的标记，也可能是新型的都市形态。

自20世纪70年代以来，世界范围内的许多城市开始对其城区建设进行深度思考和改造实践。为了避免重蹈过去城市开发功能单一、建筑分散无序的覆辙，很多城市在建设的过程中，开始强调区域功能完整和建筑统一的原则。更集约、更高效的"都市综合体"模式渐渐成为城市，尤其是城市新区发展的全新方向，而其中的精品更是成为这些城区独特的标识，例如，纽约的洛克菲勒、巴黎的拉德芳斯、东京的六本木、香港的环球贸易广场以及太古广场……尤其是被称为20世纪最伟大的都

青岛深蓝中心（中间两栋）

市计划之一的洛克菲勒中心，用18栋超前理念的建筑群围塑了一个曼哈顿标记，打造了华尔街之外另一个集商业、办公、居住、旅店、会展、餐饮、文娱和交通等功能为一体的城，并一直作为纽约乃至美国的象征而存在。

致力于打造国际海洋名城的青岛，同样需要一个标识，向环渤海湾、中国乃至世界，发出自己的声音。

也正因为如此，2010年，当青岛市南前海一线最后一幅"黄金地块"推出，绿城经历了几十轮竞价，从众多房产大鳄中突围，抢下了这块当年的地王。"青岛这么美的海岸线需要有真正意义上的地标"，在宋卫平的眼里，这整个城市最好的地块上的作品"必须由绿城来完成"，否则将是最大的遗憾。

8年，经历了无数的困境与思考、挫折与进步，营造该项目的所有绿城人，仿若进行了一场漫长的蜕变与苦行。

只有崇高而美好的事物才值得礼赞，而营造崇高和美好，不仅需要思想的高度和技术的深度，更需要一种坚持、一种信念，而绿城把这样充满理想主义的人格力量充分融入和贯穿到产品的营造之中，躬行实践每一个营造环节。对城市的尊重，对品质的苛求，对细节的执着，对精致的坚持，在外界和同行看来，绿城真正做到了"取法极致"。

如今，这块土地终于绽放出灿烂耀眼的光辉——青岛深蓝中心，由一栋超高层综合塔楼（70层）、两栋超高层住宅塔楼（42层和48层）及地铁上盖商业组成，位于名列"世界三十大最美海湾"的浮山湾畔，距海直线距离不到200米，占据着青岛863公里黄金海岸线的日出点；西瞰八大关红瓦绿树、万国建筑群的历史风情，东览五四广场、奥帆中心的时代风华，历史和未来在脚下交汇；极目海天，以328.6米的高度收揽青岛湾区美景的最佳视角，并承接城市经典与现代文明的中心点。8年的匠心营造，让这座中国海岸线上离海最近的超高层城市综合体终成艺术创造和建设者生命价值的体现。于绿城而言，此时此刻的骄傲，就如同当初遇到的种种困难一样让人印象深刻。

青岛深蓝中心海景视野

世界名师笔下的那一抹构造蓝

　　"人们为了生存来到了城市，人们为了更好的生活留在了城市。"正如2000多年前哲学家亚里士多德对城市多彩生活的概括，人们对方便、快捷的城市生活往往充满无限的憧憬。而如果说城市改变并提高了人们的生活品质，那么城市综合体的出现无疑让人们的生活变得更加美好。

　　城市综合体是将城市中的商业、办公、居住、酒店、会展、餐饮、文娱和交通等城市生活功能的三项以上进行组合，并在各部分间建立一种相互依存、相互助益的能动关系，从而形成一个多功能、高效率的综合体。其六大业态H（hotel，酒店）、O（office，办公室）、P（park，公园）、S（shopping mall，购物中心）、C（congress，会所）、A（apartment，公寓）还组成了一个全新的合生词——HOPSCA。因为基本具备了现代城市的全部功能，所以其也被称为"城中之城"。

　　如果说城市中心地标物业是城市核心价值的体现，那么，多资源的聚集则是这种核心价值的最完美体现，而这种能承载诸多功能的综合物业形态也正是现代化城市中心所需要的。

　　在营造方面，深蓝中心更是倾注了绿城的全部精力，整合了一支由全球27家顶级设计团队组成的"梦之队"：设计世界第一高楼"哈利法塔"的SOM建筑设计事务所、世界500强景观设计团队AECOM、设计过全球80％四季酒店的HBA（Hirsch Bedner Associates）、享誉盛名的BF等，均位列其中。设计团队之多，规格之高，均创造了绿城之最。而深蓝中心，也因他们的完美付出，终成一座堪称艺术的经典之作——70层328.6米高的主体塔楼，富于现代雕塑感的造型，其灵感来自青岛帆船之都的城市形象，风帆造型象征着青岛的城市文化，也代表着"乘风破浪、扬帆远航"的青岛精神，应用在建筑的雨棚、地面波光肌理等细节之中，以永恒的建筑语言诗意般展现了青岛新时代的全新风貌。

青岛深蓝中心一线海景房客厅

　　在保障观海效果上，深蓝中心运用了大量高科技，有些设计在国内甚至在全球都是首创，以确保海景豪宅几乎可以满足一线海景收藏者的全部想象甚至是"奢望"：从客厅、餐厅到卧室近20米的超大观海尺度，使整个户型的南向都成为奢华的观景区域，最大限度地拉宽了270度超广角观海画幅。而对于居住过一线海景超高层住宅的居者来说，拥有观海制高点就意味着无法拥有舒适的阳台和良好的通风，两者总是"鱼和熊掌，不可兼得"。但让人惊叹不已的是，深蓝中心的海景豪宅通过可开启式落地窗使得超高层住宅的用户也可享受到充分亲海的自由，真正让择海而居的生活变得从容和舒适。

　　当时，深蓝中心还创造了山东省第一个抗震超高层建筑、中国二线城市中第一个引驻全球顶级酒店——丽思卡尔顿的城市建筑、中国帆船之都最显性的帆船造型建筑、青岛唯一拥有全玻璃冠顶的建筑等多个第一且唯一。

　　坐落于"世界最美海湾"之上的超高层城市综合体，不仅是客观严谨的规范语言，也是主观浪漫的人文表达，其背后隐藏的是美学和哲学的深厚内涵，也是绿城用精致建筑和挚诚服务打造的惬意空间。

　　于青岛而言，深蓝中心代表了这座以蓬勃之力迅速发展的城市的顶尖营造水平，而山海文化血脉与国际前沿理念的完美融合，更使其成为黄金海岸线上真正能够象征青岛精神的地标之作。

世界最美海湾的那一抹惬意蓝

无论是东方"乐居山水"的情结，还是西方"滨海度假"的期盼，人们对择海而居的追求从未停止。一句"面朝大海，春暖花开"，道出很多人傍海而居的梦想，当然，这也是人类亲近自然的本性所致。

青岛，作为中国海岸线上最宜居的城市之一，不但拥有大海的宽阔胸襟，也是山海文化汇聚的风情文化胜地。正因为城市的双重属性，这里的人们拥有更开放、更包容、更豁达的生活态度。而近几年随着经济的外向转型，这个本就最先与海派文化碰撞融合的城市，更加向往国际化的诗意居住。

正因为如此，深蓝中心一一兑现对每位业主的承诺，为其带来比肩世界的深蓝生活。

在延续专属与私密的前提下，深蓝中心为业主量身定制独特的空间格局，带来了整个青岛独一无二的深蓝汇私宴会所。整个会所的设计，根据不同业主的需求，于A、B两栋超高层住宅塔楼中巧妙地规划出最具深蓝风格的精妙格局，并将其合二为一，打造出完美统一的瑰丽风格。源于意大利的经典宝格丽艺术风格与落地窗外极致的天光海景相映成趣，营造出一个通透明亮而不失私密的空间。红酒吧、大小双包厢、雪茄吧……每一处格局都诠释了私宴的精致，每一处细节都透露着对世界级生活的感知。

深蓝汇18小时餐厅，通过对生活细节的精准把控与考量，旨在为深蓝家人带来更美好的精筑生活空间。深蓝的家人无须出门便可体验比肩顶尖生活的餐点细节，为平凡的一日三餐赋予精致细腻的格调。

深蓝汇大堂会所则是私人定制化的全龄专属空间，业主们可于此会客长谈，也可用一杯红茶唤醒美好的生活。更值得一提的是，其中还为小业主开辟了玩耍的空间，让他们有自己的一片小天地。这个承载了邻里交往、友朋洽谈、休闲放松的理

左图：青岛深蓝中心深蓝汇私宴会所

右图：青岛深蓝中心天光泳池

想居所，真正实现了多功能、全方面地满足业主生活、社交需求，更让精致的生活汇聚于此。

天光泳池则援引了北斗七星的理念，将顶部的七星玻璃顶盖打造成地下泳池的采光井，这不仅是全国首创，更用独特的艺术语言演绎出摩登与雅致交织的建筑美学。

作为理想生活的营造者和服务者，绿城令空间分布与私密共存、美妙感官与美好体验共存、现代与未来生活共存，使深蓝中心的每一位业主都能时刻感受到与众不同的情感、温度与氛围。

恰如梭罗在《瓦尔登湖》里所言："人类之所以想要一个家，想要一个温暖的地方，或者舒适的地方，首先是为了获得身体的温暖，然后是情感的温暖。"

梭罗选择在瓦尔登湖畔，建一座木屋，写一本静静的书，那是浪花、飞鱼、游云和情怀。而在这里，深蓝之蓝是千帆过尽后海的颜色，万鸟翱翔后天的颜色，"恰逢美好"后生活的颜色。

世界百强图上的那一抹自然蓝

这个时代，一处好居所，不仅要与城市亲近，更要与自然、环境亲近，它是自然与繁华的辉映，是建筑与生态的交融。

而景观的存在既不是一种单纯的地表景象，也不是建筑物的配景或背景，其魅力在于创造，在于运用不同的物，通过不同的组合，提供特有的场所感和时空记忆，达到环境与人的协调。正如抽象艺术先驱瓦西里·康定斯基所说："艺术不是客观自然的模仿，而是内在精神的表现。艺术家可以使用他所需要的表现形式，但他的内在冲动必须找到合适的外在形式。"

一个好的景观设计营造，大到空间的布置，小到草木的细节，都是一种艺术和理想生活的积淀。

世界500强景观设计团队AECOM，从艺术与理想生活的角度深度理解和定义了深蓝中心的景观营造，旨在对深蓝家人们的心理、情操、素养有所影响、培育。每一个景观打造都注重美学感受和丰盛情感的注入，于细节之处探究人性理想，契合文明愿景，引领人们对更美好的生活方式的理解和追求。

也正因为如此，深蓝中心在寸土寸金的黄金宝地规划了将近7000平方米的景观园林，并通过精神图腾、色彩与意境的营造，赋予景观以艺术品般的高度，只为匹配阅尽大千世界的高净值人群，满足深蓝家人对品质生活的追求。

绿城钟情于花，在房地产界几乎人尽皆知，从最早开发的桂花系，到之后的百合系、玫瑰系等，绿城一直将花的美好和善意与其富于理想主义的生活美学相对应。而在深蓝中心的东侧入口水景处，也有一尊以青岛市花山茶花为主题的大型户外琉璃艺术品雕塑。这尊美学作品，被命名为"一枝独秀"，是绿城特邀现代中国琉璃艺术的奠基人和开拓者杨惠姗女士为深蓝中心量身打造的。

青岛"一枝独秀"雕塑

当然，户外大型琉璃作品，因其工艺、材质、造型上的难度在国内外史无前例，以及其所承载的文化意义和需要为之倾注的精力，可谓前所未有。然而，由于"创造有益人心的作品"的创作理念与绿城的人文主义精神颇有英雄相惜的契合，杨惠姗当时就欣然接受了这项挑战。现在，这朵被倾注心血、寄予厚望的琉璃山茶花正矗立于深蓝中心的入口处，成为整个深蓝中心乃至青岛这座城市的"精神图腾"。

色彩是创造意境的至高艺术，而意境则是空间的灵魂。深蓝中心整个项目的外立面和外墙，都以蓝色为主色调，室内则为白色，搭配"一枝独秀"的红色点景，蓝、白、红三个色彩有效地传达出空间的张力，令人过目不忘。同时，深蓝中心还以冷艳、高贵、优雅为基调，运用松、石、茶花等元素勾勒了现代青岛的形象，艺术化的采光设计为室内与景观提供了独一无二的设计元素。

深蓝中心的南北两处设置了中西两种风格的花园，不仅满足了视觉的观赏效果，还最大限度地体现人性化，实现人景联动，达到人与空间最恰当的共鸣：与咖啡吧联动的南花园，以"动"为主，连廊将舒适轻巧的户外家具与美好的户外时光相连；而与茶吧相呼应的北侧静花园，自带禅意的雅韵。木栈道铺满了沿海一线，连绵不断的绿植树阵在两侧相拥，还有一处素雅清幽的枯山水造景。一动一静，就像两个精心打造的户外客厅，令业主在园中游憩时享有难忘的庭园乐趣，抑或静神养心。

外有碧海蓝天，内有诗意相随，一段"既可以安放身体，更可以安置心灵"的美好生活也就此呈现。"青岛，从未如此生活"，这是青岛深蓝中心的理念、宗旨与价值。这座早已被预言的"海岸线需要"的地标，也已开始了在863公里黄金海岸线的期待中，积蓄改变城市的能量……

敖罕　青岛深蓝中心项目公司总经理

营造者说

"深蓝"背后

Beyond the Tsingtao Landmark

HOME：《HOME绿城》　敖：敖罕　安德鲁：安德鲁·摩尔

HOME：敖总，宋董钦点您加入深蓝中心负责工程营造，这其中有什么故事和渊源呢？

敖：我是2007年加入的绿城，应该说我比较幸运，有幸参与过杭州四季酒店、温州鹿城广场这些绿城经典项目的营造。深蓝中心是绿城的一号作品。从2015年开始，宋董亲自把关，对深蓝中心开启了设计营造层面的全面优化，钦点了一批绿城核心团队进驻深蓝中心，我也是借此机会来到青岛的。

在宋董心目中，深蓝中心完全符合他心中"世界级华宅"的标准。它集"最好的城市文明、最好的自然资源、最好的产品营造、最好的生活服务、最好的圈层资源"五大要素于一身。

　　我们在产品营造和升级的过程中，正是以"世界级华宅"的标准来打造和完善的。

HOME：在深蓝中心的营建过程中，宋董是如何把关的？

敖：宋董将深蓝中心要求设计的基调定位为"深蓝、冷艳、高贵、优雅"。围绕这个要求，我们开展了一系列的升级，耗时一年，总投入约20亿元。宋董对深蓝中心应该说是"全程把控""亲力亲为"。宋董要求营造团队与业主面对面沟通，聆听高净值客户需求。同时他还亲自对设计营造各项工作进行把控、指导和调整。他还邀请了一些世界顶级设计团队和事务所，就深蓝中心项目一期住宅室内设计进行巅峰博弈。

　　所有的设计方案都经过宋董多轮的评审。以深蓝中心的景观方案为例，宋董反复评审了七稿，一遍遍推翻重来。在绿城内部，还没有任何一个项目有像这样过。由此可见，宋董对深蓝中心倾注的精力和下的决心。

HOME：您提到的深蓝中心的一系列升级，具体体现在哪些方面？

敖：升级首先体现在合作团队方面。深蓝中心在项目成立之初，便在全球范围内筛选出了21家顶尖合作团队。到了2015年，我们的合作团队数量增至27家。为了追求整体的艺术感，深蓝中心还聘请了两家艺术品顾问公司，这是一般项目所不具备的。

　　在景观方面。2013年的方案中融入了很多海洋的元素，以深海深蓝色的"深沉、现代、大气"作为基调。2015年景观升级，提炼出三大基本色系，它们取自法国国旗，即高贵的深蓝、冷艳的玫红、优雅的白。在绿城内部，一般的项目景观只对标材料样板，而我们还对材料的颜色差异仔细筛选和实地校正。最终确定的园区围墙的用材全部是进口的蓝珍珠，而硬质铺装达到8厘米，这也堪称绿城最贵的石头了。

　　深蓝中心还在软性服务方面做了深化和提升。我们的专属客户会"深蓝汇"确立了私人健康顾问、私人资产顾问、私人教育顾问、生活专属定制、私人会所服务这五大服务体系。

结合绿城体系多年来对住宅配套服务空间的研究、青岛人的生活习惯、项目周边生活配套的情况，我们进行了客户需求调研，对大堂及会所的功能进行重新升级定位。此外，还设置了大堂层艺术吧、阅读吧以及地下泳池，增设了专为老人和儿童设置的颐乐天地、健康中心、园区食堂，更有本幢私享的空中深蓝汇，全面提升业主的舒适感。

户型和室内设计，是这次升级的重点。在户型上，我们根据客户的需要，将客厅观海面、客厅面积都进行了拓宽，同时还调整了主卧室走道宽度，增加了衣帽及收纳空间。主卧设有独立的书桌，书桌面向海景。地板的花纹、质感、色彩参考顶级邮轮甲板，增加海景体验。同时保证每个卧室均为有独立卫生间的套房。我们还反复论证厨房位置及其对户型布局的影响。厨房采取中西厨结合的方式，主人、后勤流线明确，同时又采用了移门，使厨房与餐厅空间联动，尺度在视觉上尽量减弱。深蓝中心还为提升厨电、洁具等交付配置的品牌及功能召开了专题评审会。

在美学风格上，深蓝中心的提升也是极大的。我们结合新时代的华宅审美取向，采取经典与现代的交融风格，走轻奢、简奢路线。造型线条比例进行优化，打造全新的绿城华宅风范。在室内设计上，我们设计了三套具有不同空间功能和美学风格的样板空间，供业主选择。

室内设计方面的问题，我想安德鲁·摩尔先生最有发言权。还是请他介绍一下相关的情况吧。

安德鲁·摩尔　青岛深蓝中心主设计师
全球最大的设计事务所HBA亚太区合伙人

HOME：青岛应该是您最熟悉的中国城市了吧，您对这个城市印象如何？

安德鲁：的确，因为深蓝中心，我已经数不清是第几次来到青岛了。在我的心目中，青岛是中国最美的海滨城市。而深蓝中心，无疑是这个美丽城市最具地标意义的建筑。能够有幸参与这样一个极具影响力的作品，我感到十分兴奋，同时对我来说也是一项很大的挑战。

HOME：那么深蓝中心带给您的挑战具体是什么？

安德鲁：我和我的团队HBA之前参与过很多世界级项目的创作。但这次深蓝中心的设计方案让我们感到前所未有的困难。我们深深了解这样一个作品所肩负的期待和意义。这样的一个黄金地段，这样的海景，这样的产品，和世界上任何一个地标级建筑相比都毫不逊色。在和宋卫平先生多次面对面的沟通中，我也能感受到他对于这个项目所倾注的热情和期许。这些，都是让我和我的团队倍加珍视，同时不遗余力投入的原因。

HOME：请您从主创者的角度为我们介绍一下这个作品。

安德鲁：我看过中国很多顶级建筑作品的空间设计，包括绿城过去的很多样板房风格。我可以十分自信地说，深蓝中心的样板房风格是最现代、最优雅的。深蓝中心的样板空间，舍弃了绿城以往奢华、繁复的戏剧感，而是以更加现代、贴合时代潮流的设计语汇，创造出低调、谦逊，而又不失奢华的法式轻奢风格。

我们刻意模糊了客厅与阳台的分界，创造出超过100平方米的大气起居空间。近20米南向面宽，270度观海画幅，这是深蓝中心最为奢侈的资源。为了将海景最大化纳入空间，我们甚至考虑到家具、沙发及餐椅的造型和高度，以减少对海景的遮挡。所有卧室均为套房设计，拥有通透的采光面。即使在卧室的浴缸中，都能享受到窗外的海景。

为达到最佳的视觉效果和使用体验，样板房中所有的设计、细节、配色，都经过与宋卫平先生多轮的沟通。我很享受这样的过程，因为每次碰撞，都能迸发出很多意想不到的火花。

在为期一年的合作过程中，绿城的团队给我留下了深刻的印象。以宋卫平先生、敖罕先生为代表的绿城人，他们的敬业精神、专业能力，是我合作过的那么多世界级团队中数一数二的。

HOME：刚才安德鲁·摩尔先生已经介绍了HBA的那套设计，那么另外两套由BF和绿城创作的设计有请敖总为我们介绍一下。

敖：另一套样板空间是由BF设计的。BF是一家国际顶级设计公司，长期位列设计界TOP5。上海浦东丽思卡尔顿、新加坡丽思卡尔顿、香港四季酒店等，都是BF的作品。

此次操刀的设计师理查德·法内尔（Richard Farnell）曾经是世界上最大的也是最顶尖的设计公司威尔逊公司的元老，他在离开威尔逊之后一手创办了BF。他是蜚声国际的知名设计师，四季酒店的亚太地区负责人曾经评价他为"威尔逊的灵魂和半壁江山，威尔逊离开了理查德·法内尔就名存实亡"。这套由理查德·法内尔设计的空间，华丽考究，纷繁精细。理查德·法内尔十分擅长在现代和古典之间游走。在现代简约、典雅谦逊的基调之下，以玛瑙、漆器、红宝石等名贵装饰提亮空间的浪漫格调。理查德·法内尔先生甚至亲赴欧洲挑选装饰及配件，由此可见他对深蓝中心这个作品的投入和热爱。

还有一套作品是绿城设计的。这个作品由绿城集团结合业主代表共同评审，在原先BF提供的样板房的基础上优化升级。460平方米被设计为更为实用的五房，并在收纳、流线等方面做了更具人性化的考量。为了解决许多客户提出的收纳问题，我们设计了超大双衣帽间，配置旋转式衣架，以便让男女主人衣物分别收纳。主卫的可开敞式移门，进一步拓宽观海面，住户即使在浴缸中也可享受到海景。更多的细节，我想只有大家身临其境地去体验和感受吧！

（本单元内容原载于《HOME绿城》第84期，2013年；第138期，2018年。有修改）

Part 12

沈阳全运村

绿城人的一场运动会

从毫无经验可以借鉴的
全国第一座全运村——济南全运村，
到即使绿城资金链遇到前所未有的困难
也依然无悔投入的沈阳全运村，
再到已有品质铺垫，水到渠成拿下的
天津全运村和西安全运村，
绿城的情怀和理想主义没有改变。

十年吟咏，今朝放歌
绿城和全运村的故事

Years of Efforts Bear Fruits
— The Story of Greentown and National Games Villages

从济南全运村、沈阳全运村、天津全运村，再到刚启幕的西安全运村，绿城承担了国内每一座全运村的建造工程。

绿城为何要一而再地参与全运村的建设和营造？这个问题或许只能从绿城对理想主义的坚守中寻找答案。带着为城市创造美丽的使命，绿城致力于为每个所到的城市留下美丽建筑，营造美好生活。而全运村项目，恰恰能承载绿城的这些美好理想。

正因为秉持这样的理念，在以高端品质建筑、美好园区生活这一特质为世人所认可熟知外，绿城打造出了另一张颇具分量的名片：全运村营造专业户——迄今为止，每一届全运村的建设都毫无悬念地选择了绿城。

10年，对人生、事业常常是一个重要时间节点。"10年"，也正是海尔绿城·济南全运村项目2017年年会的主题。自2008年闪亮登场以来，这个为济南全运会建设的全运村已走过了10年光景。

4年一度、为期20天的全运会在时间长河里只是匆匆一站。但对全运村来说，却只是一个开始。10年间，济南全运村从一片荒芜，成为如今拥有4000多套房子、15000名业主的庞大的品质生活区，成为济南城东部的一座地标。

10年里，绿城从济南开始，不断续写自己的全运村故事。济南全运村后，绿城又相继完成沈阳全运村、天津全运村等项目，而西安全运村也正在紧锣密鼓地建设之中。

左图：济南全运村

右图：天津全运村

不断书写精彩的全运村故事的同时，绿城如今也将目光瞄准杭州，这个扬帆起航的地方。2022年，这里将举办亚运会。国际声誉日隆的杭州，需要一座怎样别具一格的亚运村，才堪与之匹配，才能回馈这座城市？对于这些问题，谁挺身而出最令人放心？难题和机遇，再一次摆在绿城面前。

西安全运村

大型建设的一个奇迹

济南全运村项目的很多员工，到如今已默默奉献了10年。他们回忆起自己初次前来面试的情景，反应惊人的一致："太荒凉了，连公交车都到不了这里。"有的女员工甚至不敢一人前来："我男朋友陪着我来的，不然慌慌的。"

就是在这片荒郊野岭，临危受命的绿城要在19个月里建起一座全运村。全运村分设运动员村和媒体村，共有2300多套单元房，而且需要精装交付，房间设施按照三星级酒店标准配置，还要提供客房服务。

这是中国第一座全运村。而此前的历届全运会，运动员和媒体都会被安排在城市各个方向的指定酒店。那要到哪里去找参照？时任济南海尔绿城置业有限公司执行总经理的李艳坤介绍道，幸好北京刚刚举办过奥运会，于是他们就先参观了奥运村，把奥运村里的全套家具拍了过来。

但这个小幸运只解决了绿城所面对的众多问题中的九牛一毛。通往项目工地没有一条路，没有出租车，没有公交车，只能坐"黑车"；这里没有水，没有电，只能用柴油机发电，用车拉水。2万多名工作人员在这里克服了无数不可思议的困难。

工期紧张，李艳坤回忆，当时差点连出设计图的时间都没有，只能一边出图一边施工，图纸用卡车从杭州拉过来。但是，"再辛苦，工作的氛围都一直非常好，大家主动加班加点，半夜跑过来都是常事。所以工地的食堂都是24小时开放的"。

房子造好后，哪些运动员的床要加长，空调放哪个位置可以不直接吹到他们，运动员搬走后如何实现给业主的二次交付，都是需要一项项攻克的难关。

项目完工那天，很多人都落泪了，绿城完成了这个几乎不可能完成的任务。李艳坤说，即使已经10年过去了，但想起当时的情景，依然激动不已。

从济南到沈阳、天津，再到西安，绿城人从摸索，到如今通过摸爬滚打积攒无数宝贵经验，可以说，如今绿城已经是一个建造全运村的专家，那些经历过全运村项目的员工也成了绿城宝贵的财富。

倾尽全力的一个信念

作为房地产商，不可能不谈盈利。但在建造全运村这件事情上，绿城让这种"理所当然"变得不那么重要。不管是济南、沈阳还是天津，绿城都是无悔地倾尽全力。

济南全运村负责财务的总经理助理张莉对此深有感触："当时，24亿元的土地款要一次性交齐。集团虽然也艰难，但还是给予了最大的资金支持。"

建设沈阳全运村时，正赶上国家房地产政策调控，绿城的资金困难到了前所未有的程度。如今的西安全运村项目总经理高晓东回忆："我一上午批出来的工程款就是几亿元，那时绿城要拿出几亿元是很痛苦的事情。"

即使在整个集团都非常困难的时刻，绿城人依然丝毫不敢将就，他们咬紧牙关，还为提升全运村的整体形象，做了酒店、全民健身中心、商业中心等配套设施，总投资约为26亿元。

"这是一个违反常规商业逻辑的操作，因为在当时你的投资几乎看不到回报。"高晓东把绿城这种明知不可为而为之的举动归结于"强烈的社会责任感"。

时任天津全运村执行总经理，如今为绿城足球俱乐部总经理的焦凤波也谈到同样的责任感。"全运村的一个特殊之处就在于其体量非常大，天津全运村地上面积70万平方米，总面积（地上面积加车库面积）94万平方米，需要同步一起建起来，不分期。"

奇迹的发生源自绿城人始终有的一种态度——"即使不赚钱也要做"。"宋董对于体育有情结，所以企业文化中也有一种运动情结，一定会全力以赴。"

沈阳全运村百合苑

征服一座城的一个村

这份信念一脉相承,从济南延续到西安。而另一份从公司创始之初就始终不弃的宝贵财富,绿城也将其延续到了每一届全运村,那就是品质。绿城人将真诚、善意、精致、完美的价值观,融入了绿城作品的一砖一瓦、一草一木之中。

"房子并不是简单的建筑产品,它最重要的属性是文化和艺术","粗制滥造的产品本就该被拒绝"……宋卫平因为对于房子品质近乎偏执的追求,被地产界称作"品质教父"。

他会因为立面颜色不好看、窗户弧度不够好、大堂地砖不美观等大发雷霆,强令拆掉重做。据说他能用肉眼看清极细微的工程误差,稍不满意就推倒重来。但正是这样的苛责,才能赋予全运村以鲜活的生命和性格。

济南全运村是绿城在济南的第一个项目，在此之前，山东人对绿城的品牌认知度还很低——"绿城不是一支足球队吗？"

负责营销的济南全运村总经理助理王亚伟回忆："我们组团让客户去杭州近距离看绿城的房子，很多人回来后，第一时间就买了。"

当时济南平均房价每平方米4000多元，绿城一开盘就是每平方米8000元左右。客户看好的，正是绿城的品牌和品质。"园区里的景观，济南的老小区里哪会见过，更不用说能享受到从来没享受过的服务。"

精致的景观营造，贴心的物业服务，高品质的装修……济南全运村就这样靠着口碑和品质，赢得了济南人民的心。"我们的客户忠诚度很高，50%的业主都回购了。"

从此，绿城在山东实现了品牌落地。而这一里程碑项目也打开了市场，提升了济南房地产的整体品质。毫不夸张地说，绿城靠着一座济南全运村，影响了一座济南城。

这样的口碑不仅征服了业主，还征服了全运会组委会。第十二届全运会筹备时，组委会到济南考察，了解了全过程后决定："除了你们，我们不会找第二家。"

如今，沈阳全运村也成了沈阳浑南新区的标志性建筑，成为"沈阳美好房子"的代言者。曾经偏远的位置被越来越多的人所认同，房屋售价也不断走高。

营造美丽建筑，追求美好生活，是绿城始终不变的初衷，而全运村项目也因为绿城而多了份美好与真诚。

沈阳浑南新区

与沈阳相逢

Meet with Shenyang

沈阳是中国的历史文化名城。沈阳故宫，是被列入世界遗产名录的古代宫殿建筑群。拂去历史的烟云，人们仍能感觉到这里昔日的鼎盛与辉煌。

2013年，沈阳要给全国人民再交一份答卷，那就是8月31日—9月12日的第十二届全国运动会。

全国人民的目光投向沈阳，期待着这场始于体育又超越于体育的赛事。

如果你把老沈阳工业基地尘嚣漫天的印象带入沈阳全运村，那就大错特错了。事实上，在浑南新区这片充满活力与朝气的区域，你可以看到整洁宽阔的大马路、气派的新式建筑，以及随处可见的绿荫公园。而沈阳全运村，就坐落在这片区域。

坐拥"龙脉",未来市中心

从空中鸟瞰沈阳,会发现这座巨大的城市,被一个大十字架一分为四——东西走向的浑河,是沈阳的一条母亲河;而沈阳故宫、奥体中心等标志性建筑,无不建设在城市最中央的一条轴线上,沈阳人称这条轴线为"龙脉",它代表着这座城市的精气神。沈阳全运村就位于浑河以南,"龙脉"的延伸段上。

在沈阳全运村的周边,沈阳的行政中心、市民广场、文化创意中心、规划大厦、文化大厦、环保大厦等建筑的建设已经封顶,档案馆、图书馆、博物馆、音乐厅、美术馆都将纷纷迁入。沈阳的市政府新址与沈阳全运村只有一街之隔;沈阳全运村的南侧,有占地极广的莫子山公园,这里毫无疑问将会是老沈阳的新未来。

为了迎接全运会,沈阳将紧贴沈阳全运村的三环路扩建为双向八车道,并取消了收费;贯穿浑南新区的高架桥工程,将这片区域与老城区进行了无缝对接;地铁2号线和10号线,就在沈阳全运村附近汇合;有轨电车线路和二十条以上的公交线,让这里的公共交通手段变得更为丰富。

在接送远来客人方面:全运村西侧便是新建的沈阳南站;而只要你站上沈阳全运村的楼顶,现代化的沈阳桃仙国际机场就在你的眼皮子底下。

配套齐全，一个怡然小世界

为了通过举办全运会而带动浑南新区的建设，沈阳在这里投入了大量人力、物力兴建生活配套设施，而处于这片区域中心点的沈阳全运村，无疑是最直接的受益者；与此同时，绿城在园区里也建设了各类配套服务设施，全运村的居民可以在这方小小天地里，享受怡然细致的生活。

在沈阳全运村园区周边，陆军总院浑南分院等各大医院，让居民接受医疗服务不再是问题。沈阳全运村与市政中心周边，多所幼儿园、中小学正在建造当中，而沈阳音乐学院、鲁迅美术学院和东北大学的迁入，将赋予这片区域一分文化色彩。

在园区内，五星级酒店喜来登酒店和滨水商业街，将在很大程度上丰富居民的生活方式。在居民会所建筑中，银行、美容SPA、洗浴中心等纷纷入驻。具有绿城特色的颐乐学院、四点半学校等设施，能让北方居民第一次体会到南方成熟高端社区的品质生活。

全套的物业服务流程以及工作人员的服务规范，这里不再赘述。比较有绿城特点的颐乐学院、健康档案和四点半学校，恰好针对老年人、成年人和学龄儿童这三大年龄层次的群体。在颐乐学院，退休老人可以有固定的区域聚会交流、上课学习，充实自己的晚年生活，绿城会外聘或组织老年学员自己充当老师进行授课；四点半学校则针对学龄儿童下课早而父母下班晚的问题，在中间的这个时间段里，使业主的孩子能有个安全、快乐的去处。

中央休闲商业中心

全民健身中心——全运会的丰厚馈赠

如果说全运会给沈阳全运村业主居民留下了什么馈赠的话，那首推园区内的全民健身中心。这座地下三层、地上五层，总建筑面积超过15000平方米的大型建筑，设施堪称豪华。

全民健身中心的地面一层是健康档案室、儿童活动室等方便居民生活的配套功能区块；二层是健身器械馆和拳击台，所采用的健身设备为国内一流品牌，装修豪华，为喜欢塑体的运动爱好者提供去处；三层的台球房、乒乓球室、羽毛球馆和篮球馆，采用全实木运动地板和赛事规格地胶，羽毛球馆还具备专业防炫目照明灯源；四层的游泳馆配备一个25米标准短道池、一个儿童戏水池、一个SPA池和一个户外阳光池，会让爱水的运动者看红了眼。

全民健身中心仅内部装潢部分就投入了6000万元，如果加上建筑等环节，总投入达到2亿元。在全运会期间，这里是专业运动员的赛前热身、伤病恢复区域；而当运动会结束，这里就成了运动爱好者的家园、沈阳全运村居民的骄傲。

建筑解析

绿城深耕东北的"辽沈战役"

In-depth Development Campaign Aiming at Northeast
China by Greentown

在绿城这么多房产项目中，沈阳全运村或许是最能牵动绿城人视线的一个，因为在它之前，绿城还从未在中国这么靠北的城市动过如此大的手笔；而沈阳全运村，也是绿城调动了大量精英战力，抱着必胜信念所打的一场关键战役，这关乎绿城能否在东北大地上站稳脚跟，它就是绿城的"辽沈战役"。

而这场战役，对许多绿城人来说是激烈而艰难的，这不仅仅体现在保质保量的快速建设所造成的身体上的疲惫，很大一部分还来自精神上的纷争与煎熬——绿城在大量已经广受好评的房地产项目中，已经形成了固有的企业特色与文化内核，或者说，所有绿城的楼盘都带有显而易见的绿城血统。但是，当战场转移到了北方，这些象征着绿城血统符号的特征是否要发生改变，困扰了绿城人很长一段时间。

橘生淮南仍求橘

在南方，绿城用产品倡导的品质生活方式，已经被广大业主所接受，但这种生活方式能否被沈阳人民接受，遭到了因地域不同而产生的质疑。

在沈阳全运村，绿城采用了他们的第二代高层设计建筑方案，这种设计可以让居住者享有1.8米纵深、近10米宽的南北大阳台。

"来看楼盘的人都对大阳台非常喜欢，北方人比南方人更喜欢阳光，但他们顾虑的，是北面阳台在漫长冬季中会不会漏进寒风，让生活受到影响。"时任沈阳全运会建设有限公司副总经理的李九红提道。

"沈阳毕竟是老工业城市，车子开到大街上，一天不到就能刮下一层灰来。沈阳人不是不喜欢游泳，但因为地域气候的关系，他们一般不习惯室外的泳池，即便是室内的，保养起来成本也不小。我就亲眼看过，一个没人游的室内池子，三四天时间没换水，水面上就漂起一层绿苔。"时任沈阳全运村建设有限公司总工程师的王修斯提道。

在持这种意见者的争取下，沈阳全运村原设计中的五个露天泳池减少到两个。王修斯认为，如果绿城的后期服务体系能保证这两个露天泳池的清洁度，是会吸引一部分沈阳居民在生活方式上做出改变的，前提是绿城的后续服务成本会增加。不过他觉得，通过这样的方式去传达绿城的理念，树立口碑，值得一试。

另外，与南方业主不大一样的，是东北的居民更喜欢楼盘中间套的房子，而对采光通风更好的边套存在疑虑，这主要是因为在冬季，即便室内有暖气供应，如果建筑墙体的保温性不佳，边套的室内温度也要比中间套低5～6℃。针对这种情况，绿城在设计沈阳全运村时，会把中间套的户型设计得大一些，适当减小边套户型的面积。不过，绿城人有信心，在沈阳全运村正式交付后，更多沈阳人都会知道，绿城的边套一点儿都不差。

一场关于成本的持久论战

"规划设计过程中，要说有什么事是最痛苦的，那莫过于对沈阳全运村项目成本控制的争论。对我来说，需要说服很多人，包括总部的设计院，包括集团的决策层。绿城有它自己的骄傲和固执，也想把最纯粹的绿城作品呈现给新的居民，不过我还是觉得，一些必要的改变，是不可避免的。"王修斯说道。

熟知绿城的人一定知道，绿城的产品，是象征着高端、优质的建筑作品，有细致而周全的服务配套，以及比同地段其他楼盘明显要高的售价。作为东北本地人的王修斯，对沈阳人能否全盘接受绿城的一贯理念，持保留态度："我很尊重绿城的传统，在全程参与沈阳全运村项目的过程中，我也真实地体会到了绿城观念的先进性，但如果我站在沈阳普通购房者的角度去考虑，一套100多平方米的绿城法式住宅需要200万元，这个价格在沈阳可以买到一套差一点的别墅了。这毕竟是绿城的第一个项目，他们还无法体会到，好的楼盘是会带来完全不一样的生活方式的。"

全运村建筑的外立面，要不要全部使用石材，是成本争论的典型例子：绿城的高端楼盘，无一例外地会使用进口石材，这样做的好处有防火、耐久性好、楼体坚固、外表美观等。但石材外立面的成本算上加工和安装要每平方米1000多元，而如果用最好的进口涂料，成本也不过100多元而已。这场争论持续了很久，双方各持观点而且都掌握着充分的论据，最终各退一步——全运村高层建筑的一、二楼外立面使用石材，而其余部分使用涂料。在绿城人看来，尽管采用石材很可能会影响销售，但至少，它是绿城血统的一种证明。

另外，在规划设计方面，要坚持在沈阳全运村内保留大量不可销售的区域，这包括村内每个小区域里都要有入户大厅，每六幢楼所形成的一个小园区要有业主会所等。沈阳方面在征求了集团的同意后，做了一点变通——将这些区域销售出去一部分作为银行、美容SPA等经营场所，既方便了将来业主的生活，也减轻了销售方面的压力。

精工细造，打响沈阳头炮

由于沈阳全运村是绿城在沈阳启动的第一个房产项目，为了在沈阳这个新市场站稳脚跟，绿城除了保障自身一贯的高品质风格外，更拿出120%的心思，全力打造这一作品，以此为绿城的大东北战略的顺利展开打基础。

从楼盘建筑上讲，沈阳全运村以绿城的二代精装高层建筑和法式平层官邸为主。与当时沈阳的其他楼盘追求性价比所不同的是，沈阳全运村的各个建造细节都体现了其高端细致、周全和人性化的特点：163万平方米的规划总建筑面积，容积率仅在1.5，绿化率高达45％，可让住户充分享受大自然和阳光；楼与楼之间的间隔全部达到国家标准的1.5~2倍，每一户都有充足采光；平层官邸和高层建筑的一、二楼，都采用高端的卡拉麦里金石材（国内优质花岗岩，坚固性和隔热性都非常好）；3.1~4.2米的超尺度高层设计，大面宽、短进深、南北通透的户型设计，更符合北方地区的居住需求与习惯，赠送的超大面积阳台，也给客户带来更好的空间体验。

在建设细节上，沈阳全运村应北方地域特点而全面提升了建筑的排水、保温等要求，柔性铸铁排水管、断桥铝合金门窗、钢木复合入户门等的使用，很大程度上提升了居民的居住品质。

园区景观方面，项目引入浑河的灌渠支流，从园区中央穿过，河景公园与中心小岛在干燥的北方营造出了几分南方韵味；园区移植了一万多棵全冠树种，让全运村从开园那一刻起就充盈着绿意。

就楼盘品质而言，沈阳全运村堪称当地当时最高端的房地产产品。

建两遍新房做两次交付

与其他楼盘项目不太一样，沈阳全运村项目是要进行两次交付的——在全运会开始前，沈阳全运村须交付给组委会进行验收，以确保沈阳全运村接待工作的正常开展；在全运会结束后，沈阳全运村的物业将正式移交给它们真正的业主，一个崭新的生活社区就此迈上正轨。

这两次交付，有说道的地方很多，比如首次交付中，沈阳全运村的各项设施和服务体系必须确保运动员、官员、媒体记者的特殊要求，而在第二次交付中，绿城必须对已使用过的房间进行全面而细致的整改，还给业主一套全新的物业。

这是绿城的第二个全运村项目，在沈阳之前，他们接手建设的海尔绿城·济南全运村，已经获得了各方面的认可和销售上的成功。而在总结吸取了头一次的大量经验之后，沈阳全运村项目所呈现的内容将更加细致精彩。"可以说有个不成文的规定吧，沈阳方面对全运村的各项要求，都不能比济南的差，这给沈阳的项目提出了更高的标准。"项目中负责与全运会组委会进行对接的副总经理章建新说道。

沈阳全运村卧房

一个月，不能有任何味道

相比其他普通楼盘，沈阳全运村的建设工期更紧，再加上沈阳漫长而寒冷的冬季，会让项目建设在一段时间里无法开展，这让绿城建设沈阳全运村基本上全程都处在加班加点、掐着指头算日子的状态。

沈阳全运会组委会方面最关心的一点是，建成交付的沈阳全运村到正式投入使用，只有一个月不到的时间，而在这么短的时间里，新建好的沈阳全运村能不能把精装修的味道散尽，让空气质量和环保要求达标。绿城交出的答卷无疑让他们感到满意——在正式交付前，验收人员就在已经完工的几个房间里做了测试，结果发现，所有空气指标完美达标，也就是说，这些房间完全可以在第二天就投入使用。

"这得益于绿城在精装修楼盘中一贯采用的流程。"项目负责精装修工作的副总经理朱玉钢说道，"在施工现场，是看不到任何油漆的，所有精装修用到的板材、家具，我们都在合作厂商那里完成部件的所有加工工序，然后拿到楼盘现场进行组装就可以了。"

另外，为了让楼盘的绿化做到在投入使用时就能呈现完美状态，绿城在挑选树种时，都选用了全冠类的成年树木，使绿化成本上涨了一大截，但这却让整个园区在一开始就充盈着可喜的绿色，对营造园区内小气候也有明显的帮助。

两大保障：网络、热水

沈阳全运村的首次交付，面对的住户是运动员、技术官员、媒体记者，这些特定人群对居住的诉求是不一样的。

"媒体人员在居住时，可以对任何方面都不讲究，但不能没有网络；运动员在居住时，可以没有任何要求，但不能没有热水洗浴设施。这些经验，都是我们在建设济南全运村时得到的。"朱玉钢说道。

为了迎合这两大要求，绿城在建设沈阳全运村时，对水、电、网络进行了多次堪称"破坏性"的试验：同时打开全部2400套房间的热水，看电力和水能否正常供应；同时打开所有上网设备，看网络是否会出现卡顿和不良等问题。朱玉钢说："因为大部分运动员在结束比赛返回驻地后都会第一时间洗澡，电、水的使用时段是非常集中的，记者们在完成采访后返回驻地发稿，对网络的要求也存在类似情况，所以我们会做大量极端性试验，确保整个园区在功能使用上的所有环节都达到完美。"

另外，在运动员群体中，男女篮、男女排的运动员个子偏高，柔道等项目的运动员体重偏重，针对这些特殊人群，绿城在进行沈阳全运村装修时，也做了针对性设计：在篮、排球运动员的住所里，用软凳将床加长到2.5米，并在过道、门楣等地方张贴更多的"谨防碰头"标示；对体重较重的运动员，给他们的床、椅进行加固，确保所有人都能正常使用房间设施。

在运动会人员撤离后，绿城会把所有房间内的马桶圈、莲蓬头、水龙头等设备进行更新；床、桌、椅等家具都会被撤换。在全运会期间，厨房是不投入使用的，因而所有房间的厨房都会被锁住，等运动会人员走后才会开启，进行装修。

（本单元内容原载于《HOME绿城》82期，2013年。有修改）

Part 13

让更多的人住更好的房子

杭氧保障房

Let More People

Live in

Better Houses

——

杭州新德佳苑

地理位置：浙江省杭州市下城区中部文晖单元北部，
德胜路以南，东新路以东

占地面积：约4.71万平方米

建筑面积：约18.21万平方米

建筑形态：高层、多层

开工时间：2010年10月

交付时间：2014年9月

规划与建筑设计：浙江绿城建筑设计有限公司

景观设计：浙江绿城景观工程有限公司

Let More People

Live in

Better Houses

杭氧保障房

让更多的人住更好的房子

理想主义者总有一种近乎完美的偏执，
比如，把保障房建得和商品房一样。
让城市更美丽，
让更多的人住更好的房子，
这个理想正在一步步实现。

绿城建的"最美保障房"

The Best Indemnificatory Housing Is Offered
by Greentown

绿城说：为更多人造更多好房子是我们的人文理想主义的传承与实践。

2005年10月，绿城与杭州市江干区政府签订了战略合作框架协议，这是绿城首次进入保障房建设领域。当时还没有大型房企代建保障房的先例，无论对政府、企业，还是对百姓，这都是一个新课题。

为此，浙江省、杭州市两级政府开了多次专题会议。最终，绿城能够拿下代建保障房项目的原因被归为以下几点：品牌房企、开发经验、管理团队、技术力量、人才优势、品质保证、百姓满意。

2011年绿城成立乐居公司，以建设保障房为主业。截至2020年12月，绿城在全国范围内累计承接政府代建项目314个，总建筑面积5921万平方米，累计交付面积2376万平方米，已为16.97万户家庭改善居住环境。

在绿城内部，保障房项目被叫作"爷爷工程"。在一次员工保障房建设动员大会上，宋卫平让"爷爷一辈是农民"的员工举手，细数之后发现，两代以上家里是农民的超过三分之二，而宋卫平自己就是农民家庭出身。他说："保障房建设就是'爷爷工程'，我们要对得起自己的出身。"按宋卫平的要求：绿城建的保障房，品质必须大于等于商品房。所以，绿城留下了杭州紫薇公寓、萧山湖头陈花苑、丽水缙云西桥世家、青岛理想之城等一批"最美保障房"。

绿城向来是高端房产品的代表，那么他们是如何把保障房这种"普通项目"做

丽水缙云西桥世家

到最美的呢？答案就是用心：绿城保障房的一切要求，都是为了迎合住户的需求。

正如宋卫平所说："你别无选择，你要老老实实去做，自己的心要亮亮的，同时照亮很多人，相互照亮就能让这个世界变得更美好。"

原杭州草庵村村民张连兴，就是"被照亮的人"之一。他是绿城杭氧保障房项目业主，也是村民监督委员会成员，他的身后是1323户需要回迁的村民。这个保障房项目，每一根钢筋，每一包水泥，都得到了村民监督委员会的认可。村民们提出，原来村里头婚丧嫁娶都有个公共空间，那么现在住到高楼上也得有这个才行。绿城没二话，直接就往这个方向做，而村民们也很满意。

事实上，如何让"农民"在城市社区中找到归属感，一直是绿城保障房项目遇

左图：青岛百合花园

右图：萧山湖头陈花苑

到的最大挑战，也是宋卫平布置下来的最大课题。为了把这样的项目做好，绿城带入了自己的独家团队，成立了专门的保障房公司和专业的设计公司。所有产品的建筑立面、景观设计、精装修等，都要由宋卫平最后亲自把关。

宋卫平招牌式的"细腻"照例体现在保障房项目中——回迁入住之前，会做专门调研，让习性融入景观。比如，老人都有集聚聊天的习惯，那生活场景如何营造呢？老人坐的凳子是石头的好还是木头的好？

绿城绝不止步于此，而是让产品线上的可能性更多，就连保障房它也做到了第二代。

前8年时间，是一代保障房产品。2013年开始，是二代保障房产品。二代保障房的特点是五个"更加"：第一，外立面更加简洁明快；第二，景观设计更加人性化；第三，户型设计更加优化合理；第四，成本更加节约；第五，品质管理水平更加高。

按宋卫平的理想主义，造好房子，终极目的就是要好好生活。

所以，杭州紫薇公寓旁边就有代建的小学和幼儿园，因为教育唯大；千岛湖的珍珠广场旁边就有代建的城市客厅，风景水天一色。学校、广场、产业园、文化村，从房子到配套设施，从房子到生活，绿城正在践行自己的承诺——真诚、善意、精致、完美。

绿城在国内首开先河，并成为全国最大最好的保障房代建企业。它打破了人们对于保障房的传统认知，它也一步步刷新着自己的成绩。

在目前绿城的代建项目中，除了接近三分之二的商业代建项目之外，约三分之一的项目是政府代建。政府代建产品类型则包括安置房、人才房、经济适用房、公租房等保障性住房，以及产业园区、市政公园、城市广场、行政中心、文化中心、学校、医院等市政公建配套项目，主要集中于保障房和城市广场等项目。

宋卫平曾说："政府代建是绿城回报社会、回报广大民众的一次历史性机遇，是一项可以造福于农民、造福于居民、造福于广大百姓的公德事业，一个尽责任、尽义务的机会。"

绿城代建业务的品牌输出模式是上下游通吃：从前期管理、规划设计到工程建造、成本控制、营销策划、竣工交付，直到最后的物业管理。因此，在保障房领域，绿城建设执行的品质标准也很高。

或许，这就是绿城锻造出来的"秘密武器"。

建筑解析

到底有多难？
——实访绿城杭氧保障房项目

How Difficult It Will Be?

A Visit to Hangyang Indemnificatory Housing

Project by Greentown

在大多数情况下，高质量和低价格，似乎是一对难以调和的矛盾，这种矛盾在绿城代建众多保障房项目的过程中，得到了集中的体现。事实上，每一个接受保障房代建任务的房企，首先要过的关口，就是说服自己如何去心甘情愿地做这份"累活儿"。社会责任感？回馈大众？似乎，还需要更多的理由。

绿城在代建保障房这件事情上，算了一笔大账：第一，可以维持自身规模庞大的专业人员的素质；第二，可以让更多绿城人在建设过程中得到锻炼；第三，在更大的社会层面中，让更多人了解绿城产品的理念和品质；第四，虽然钱很难赚，也很少，但只要运作得当，不亏就还是可以做的。

代建保障房是一件很难的事情，相信很多与保障房产生关系的房企人员都有一肚子苦水要倒。

在很多方面，保障房项目的代建过程都充分印证着一句老话：吃力不讨好。不是只有绿城这一家房企在做这件事情，但绿城是全杭州进行保障房代建最早、最多，也是"最傻"的一家。经常有绿城的工作人员灰头土脸地走出项目工地，碰到临近项目其他房企的员工，被取笑一通，"你管那么多干什么？"成了他们听到的频率最高的一句反问。

那么，代建保障房，到底难在哪儿？绿城又是如何去化解高质量和低价格这对天生的矛盾的呢？让我们走进绿城在德胜路与东新路交叉口——杭氧保障房（新德佳苑）项目的工地，跟着时任绿城杭氧保障房项目经理的严旭钟去了解一番。

严旭钟是个身材很壮实的男人，年纪不大，约35岁。大概是因为经常出入工地，严旭钟的皮肤很黑，有些显老。

严旭钟很忙，我在他办公室里坐了一个小时多一点的时间，其间他接了17个电话。随后我发现，他身旁的办公桌上，放了两个印着"柑橘冰糖片"的药盒。

"嗓子受不了，对工人喊，每天这么多电话，不吃点药，撑不下来。"严旭钟说。

当时，绿城的杭氧保障房项目已经接近完工，大部分建筑工人已经退场，现在留着小部分，正在做最后的修复和收尾工作，并等待着政府相关部门的各项验收。这是一片很漂亮的居住区，园区中心花园的草坪被修剪得一丝不苟，几幢卡其色的居民楼环抱着中间的绿地，露出简洁刚毅的线条，由于楼间距比较宽敞，所以园区的整体氛围，也显得比较从容和通透。

严旭钟指着这些建筑物，颇自豪地问我："你第一次来，我要是告诉你，这些不是保障房，而是每平方米卖3万多元的商品房，你信吗？"

我信！

仅看外表，是保障房还是商品房根本无从分辨。

绿城杭氧保障房，是在2010年2月正式立项的，园区总占地面积超过4.71万平方米，总建筑面积18.2万平方米，共1323套房子，绿化率30％，容积率2.8。如果从数字上分析，它也只比市面上一般商品房的容积率稍稍高了一点，其他并无多少差别。

而实地观看的话，你更会被它的小区配置所迷惑——绿化做得很棒，地下停车位甚至是双层的，每幢楼的两部电梯也都是名头很硬的品牌……所有你能看到的一切，都体现着绿城特有的精致血统。那么，它的"保障"特点在哪里呢？

"内部户型不一样。"严旭钟给出了答案。

事实上，代建保障房企业所要面对的第一道难关，就是户型设计。从某个方面来说，保障房的设计比商品房更复杂。

义乌蟠龙花园项目，绿地率为30.17%

　　相对于商品房，保障房的一个特点，就是定向分配。所有房子在起建前，已经决定好了分配给谁。这样就产生了一个问题：即将拥有住房的住户，会对房子的户型有各种各样的要求，而且户型面积的跨度、样式也在这一前提下变得更多了。以杭氧项目为例，一个总建筑面积超过18万平方米的小区，涵盖了50~70平方米、70~90平方米、110~140平方米以及140平方米以上的各种面积房型，而各个面积区间中，又有各种不同的户型。

　　"即便是把比较类似的户型归为一类，我们这个小区粗略算算，也有9种户型之多，而一般的商品房小区，户型种类一般在5~6种的样子。"严旭钟说道。

　　保障房住户，或许比商品房住户更挑剔一些，因为购买商品房的业主，在挑选

左图：萧山空港新城项目（潮上云临南苑），园区的风格是绿城春江明月系列

右图：金华金都美地项目，也是城中村改造安置的样板，被誉为"金华最美安置房"，荣获2017年度浙江省建设工程"钱江杯"奖（优质工程）

时遇上不喜欢的产品，可以直接选择不买，简单明了，而当保障房的住户已经决定了是谁时，各种事关切身生活便利的要求都会被摆上台面。一套90平方米的房子，有人可能喜欢客厅大些，另一些人则可能喜欢卧室大些。还有一些细节，比如一个房间窗户的朝向、大小等，都会有人提出要求。

而另一个难处，是绿城不想在代建保障房时丢弃自己的传统，至少要在建筑的外立面保持绿城商品房一贯的造型风格和特色。而要把各种各样的房型都塞进一幢幢看上去差不多的建筑当中，无疑会让设计人员大费脑筋。

"这么大的工作量，设计费又因为是保障房项目而只有一点点，外头的设计公司是完全不可能接这种单的。事实上，绿城内部的设计院在接这个单时，抱怨的声音也不是没有，后来宋董说了一句话：'做！亏本也做！'于是设计院开工了。"严旭钟说道。

现实情况可能比简单的叙述要更复杂点。为了让保障房住户能住上自己喜欢的房子，绿城设计院每出一次稿，都要进行公示，让住户和政府相关部门审核以及提意见，提完汇总，再进行修改。就杭氧项目来说，户型设计稿一共大改了四次。

总的来说，商品房的小户型设计比大户型难做，而保障房的设计比商品房的小户型更难做。绿城的"亏本生意"，从设计阶段就开始了。

建造保障房的难点，也包括如何节约成本。保障房极其有限的建造成本，让代建房企必须小心翼翼地划算着每一分钱，否则一不小心，就要超出预算。

拿当年绿城的商品房来说，整个园区的建筑成本分摊到每套房子，每平方米的造价一般是6000～7000元，而杭氧保障房的规划建造成本，只有约每平方米3000元，连商品房的一半都不到。

为了让宋卫平的那句"绿城建的保障房，品质必须大于等于商品房"变成现实，保障房项目人员是费了一番苦心的。简单来概括，可以称其为"省料不省工"，也就是工艺标准、施工品质力求达到绿城商品房的标准，而在一些建筑用料上，在不影响安全坚固的前提下，选用经济适用的种类。

严旭钟向我介绍了一些省钱的窍门：效果比较明显的，是简化小区公共活动区间设施，像会所、游泳池、酒店式大堂等绿城高档商品房标配的东西，在保障房项目里就看不到了；公共绿化区块中，也尽量选用一些性价比高的苗木花草，花柱和喷水池的数量也明显减少了。

而在建筑方面，钢材构架和混凝土这些东西，都是没办法减的，必须完全严格按照绿城商品房的标准，不过外立面装饰倒是可以动点脑筋——耗费巨大的大面积干挂石材，肯定是用不了的，可用面砖或者涂料代替，这样能省下不少钱。

与此相对应的，是绿城在保障房项目中一些"看不到"的材料的选取上没有丝毫的让步，像水管电线、燃气管道、消防设施上，都完全照搬了商品房标准。举个例子，杭氧项目中所使用的电线，都是中策、万马等有口碑的牌子货，而且绿城人员坚持全程介入采购安装环节。"必须盯牢每一点，不然会让一些施工单位钻空子的。"严旭钟说道。

在绿城建设的商品房项目中，有许多承建单位都是长期合作的老伙伴，对绿城的工艺要求、施工细节等方面都很熟悉，合作起来是比较顺手的。而在保障房项目中，这种情况就发生变化了——所有承建公司都要经过政府公开招投标，绿城方面事先无法掌控这些入围公司的施工水平和质量，这让建设保障房的过程多了很多麻烦，这好比原先的老伙计没了，换了个实习生搭档，不少东西需要从头教起。

严旭钟举了个例子：在建造柱子时，一般是先用钢筋搭好框架，然后往里面浇筑混凝土。而在浇筑的过程中，绿城有个小窍门，就是在柱子底部安装木板，这样就能起到防漏的作用，让浇好的柱子在成型后更加坚固和美观。这个窍门是绿城在长期建设商品房的过程中总结出来的。但是到了保障房项目中，事情就没那么简单了——承建商的工人们并不喜欢这么做，因为平白多出一道工序，麻烦。为了让工人们接受这样的施工方法，绿城项目人员开了好几次学习会，一开始工人们都不愿意学习，后来绿城项目人员想了个招——给来上课的工人赠送小礼品，这才把方法推行了下去。

严旭钟说，和不熟悉的施工单位打交道，是最烦最累的一个环节，而为了在保障房项目中依旧保持绿城品质，他们又不得不在这个环节投入大量心力。他接触过临近地块其他几个房企代建的保障房项目，一般都是公司出一到两个人盯着工地，差不多就行了。但绿城这边派遣驻扎在工地的人相比之下要多很多。杭氧项目上，最多时有十四五个绿城人。每个环节都要盯着，这样才放心。

Part 14

南海之滨的理想小镇

蓝湾小镇

若有一种海边生活，
能让人深感"此心安处是吾乡"，
它绝不仅仅是因为靠着一片海。
在中国第一个滨海"理想小镇"，
来完成"安放身体、安放需求、
安放心灵"的小镇梦。

人文 · 地脉

我们，在追求什么?

What Are We Pursuing?

活着，是为了什么？

生下来，就混在黑压压的人群中，开始在跑道上奋力往前奔。完成学业大关后，发现炼狱般的生活才刚刚开始。半年的快节奏工作、熬夜加班，换一个星期的美好假期，然后又开始周而复始的开会、谈判、头脑风暴、加班、熬夜……再到有一天，升级为房奴、孩奴，再打怪升级到财产自由。但那时，你或许已告别了人生最好的岁月，没有了轻松的身体状态。

这就是一眼能望到头的人生吗？

当然，你可以有不同的选择。

许多人选择来海南旅游，因为这儿阳光灿烂、四季温暖、空气清新。而越来越多的人来到海南，从简单的"度假"进化为"生活"，甚至在岛上长住，将海南视为自己人生下半场的"新故乡"。

更前卫的是，当很多人对海南的认识还停留在"度假胜地""退休养老地"时，自由办公、移动居住的浪潮已经席卷而来。一个北京的设计师，在冬天雾霾弥漫的时候，就"迁徙"到三亚。他找了一个舒适的地方，一边用互联网办公，一边诗意地生活，四五个月后才选择北归。而这已经成为一种流行的生活方式。

抑或是，再任性一点，举家迁往海南，在PM2.5年平均浓度非常低的地方找一份新工作，安放身体、安放需求、安放心灵，体验全新的生活。

你也可以，把时间都浪费在美好的事物上。

海南让马原起死回生

"我就是那个叫马原的汉人……"

著名作家马原最爱在小说里写到这句话，而海南，让这个汉人起死回生。

那年，马原在上海的同济大学任教期间，身体出了大毛病。起初是带状疱疹，民间称为蛇盘疮，据说等到疮口在腰间连成一圈，人就没命了。马原的疮口都长在左边，但是"非常疼，神经疼。24小时里它每分每秒都在疼着，是个残酷无比的病"。

持续疼了2个月，马原查出来肺上长了个东西，医生说："已经很大，多半是癌。"

确诊要做四次肺部穿刺。仪器巨大，相比之下人体不堪一击，马原说他能清晰地感觉到肉身是怎样被击破，被贯穿，被蹂躏。因此做完第一次，他就决定不做了。学校领导劝他："马老师，别任性，别中断，有病千万不能耽误啊。"但是，他坚决不做了。

马原说："我当时的感觉就是，我绝不想让这个事情控制了我的生命。"

"做肺穿的感觉就是看到了全部的余生。检查的结果如果是良性，那么我就需要开膛剖肚把它割掉。但良性也有变异的可能，那样我就得做化疗。如果不是良性呢？我就要进入倒计时了。"

"一旦确诊，我的生命就要由那个增强型CT机下达的时间表给出了。"可能是三年零四个月，两年零八个月，一年零两个月。马原想，如果他真的就剩那么点时间了，他能不能不必掰着指头过日子？

马原唯一放心不下的是妻子李小花。他和作家皮皮16年前离婚，这才刚刚新

海南的椰风海韵

婚。用他的话说，这辈子什么样的女人他没见过，美的，特别美的，有博士学位的，才高八斗的，"坐下来聊一个小时，就乏味，没劲透了"。他老婆李小花不怎么漂亮，之前是个运动员，退役了，没什么文化，连大专文凭都是工作后混的，但她就是"简单，通透，舒服"。他说她是靠直觉和本能活的善良女人。

马原当时的想法是和李小花离婚，他不想耽误了她。"我想她的命怎么这么苦呢，刚结婚，就嫁给这么一个大病在身的人。当时我们在上海，她老家在海南，我说你现在回去，根本没人知道（结婚的事）。"

"但她跟我说，这样不对啊，老公。她说去年她妈妈得病死了，之前病了好几年。难道她妈妈病了她就跟她妈妈脱离关系吗？我说这不是一回事。她说是一回事，两夫妻是多大的缘分啊，可能比父母和子女的缘分都大，她说她没觉得这是多大的事，病了就病了，死了就死了，这都是命啊，还说我想那么多干吗。"

"她就是这么坦然，所以我说她是近乎通灵的女人。"

马原躺在病床上想自己生病的原因。他没什么爱好，就是爱骑自行车东游西逛，或许是在上海这几年吸入了城市大量的污浊空气。可是，他自己绝对不可以浑身插满了管子死在病床上，那太荒诞了！想到这些，他拔掉管子逃出了医院，一路把家搬到海南。他想，死也要死在一个干净的地方。

后来，4年过去了，他去复查，肺上的东西消失了，身体也好了，没有人觉得他像个重病患者，甚至没有人觉得他像个六十岁的人。他把原因归结为海南干净的空气、水以及充足的阳光。

对于癌，他也有了一套自己的见解："我认为病和人是能够和平共处的。把癌想象成一个独立个体，它必须依附在我体内。癌希望我死吗？不希望，我死了它就没地方存在了。过度治疗才是最大的杀手。"

他在海南的公寓有270度的窗户对着海。突然有一天，马原发现，他又开始写小说了。

沉寂20年后，他推出了长篇小说《牛鬼蛇神》。

生活怎么样慢下来

据说，浙江兰溪人李渔在家乡倡建了一座凉亭。修建时，赞助最多的是财主李富贵。李富贵出钱后，非要给这个亭子起名叫"富贵亭"。李渔觉得太过恶俗，就说："且停停。"李富贵不解地问道："你起的这是什么名字？"李渔笑答："我已经说出名字了，这个亭子就叫且停亭。"他接着题联曰："名乎利乎道路奔波休碌碌，来者往者溪山清静且停停。"

劳碌的中国人"且停停"吧，对于此，浙江嵊州人宋卫平似有所悟。他说，第一是生活，第二才是房子。在他眼里，房子是生活得以展开的容器。他从来不认为房屋建设完毕就意味着开发商使命的完结，"生活的建造"才刚刚开始。

眼下，绿城正在全国范围内建设小镇生活。从青岛理想之城到海南绿城蓝湾小镇，包括浙江舟山长峙岛项目在内，这是中国的一条"黄金海岸"。2013年9月，在绿城中秋媒体恳谈会上，宋卫平首次和众人分享他的理想生活："小镇，严格意义上是个生活社区，小镇里面的所有生活，也是文化的一种。小镇生活丰富多彩、充满趣味而且自在。"

宋卫平思考的是，社区能不能延续人居文化。"考虑到中国现在社会文化的缺失，社区应该担负起新的城市文化和现代文化的构建者的重要角色。社区是文化孕育的一种温床，是一种对社会的推动，哪怕是用商业模式来引领人们的生活品质，使生活的内容变得更具人性，更以人为本，更和谐。"他说。

造房子前，先造生活。在整个中国的"黄金海岸"，在海南三亚，海南清水湾得天独厚。从笼罩半个中国的雾霾中逃出，你几乎不敢相信这里居然也是"中国风景"——其沙白如雪，软如棉，细如面，行走似歌；湾内海水湛蓝如玉，能见度达十米之深，潜水似醉；天空净无微尘，干净得让人的内心开始虔诚，碧蓝得让人觉得不真实，仰望似梦。这时，你才了解到，这是一座与"度假天堂"夏威夷处于同一纬度的中国岛屿。除非身临其境，否则你永远想象不出它是如何演绎了这世界上最纯粹的一种生活：蓝天、大海、白云、椰林、晚风……

是的，即使在海南，这样的生活也几乎"绝版"：最好的海景资源几乎全被酒店占据；住宅虽可观海，却不是沿海。所谓的"面朝大海"基本已成为传说，哪儿有那么多大海供你"面朝"？在这样的背景下，绿城蓝湾小镇在绵延约2000米的海岸线上，打造了一种近乎奢侈的享乐生活。

你看，面对海南的终极享乐诱惑，学历史出身的宋卫平也涌出了汪国真般的诗意：在拥挤的城市以外，寻求一片蓝色的天空、蓝色的海洋、蓝色的心情和蓝色的梦。

那是一片接近于无限透明的蓝色，让我们一起沉醉在久违的蓝色里。

时光就应该浪费在如此美好的事物中。

建筑解析

生活第一，房子第二

Nothing Is More Precious than Life

在海南的清水湾，有一片"会唱歌的沙滩"。通过绿城优秀的设计和对品质的严格要求，这个度假小镇散发着独特的魅力。

它东临分界洲岛，西至三亚海棠湾，面对南海，北至高速公路并延至牛岭；占地4800亩，规划建筑面积近200万平方米，拥有约2000米的绝美海岸线。小镇所处的海南大三亚清水湾，是北纬18度珍稀海岸线上不可多见的南向海湾。我把所有这些好，归结为"十大绝佳所在"。

第一是绝佳纬度。北纬18~21度，被国际公认为最适合度假的纬度地带，夏威夷群岛便散落于此，而清水湾也同处于此。

第二是绝佳气候。在清水湾，全年阳光灿烂的日子超过300天。年平均气温为25.5℃，冬季海水最低温度达22.4℃，全年皆可海浴。

第三是绝佳海岸。此处海水水质优越，平均能见度深达11米，超过亚龙湾7~9米的能见度。此处有"会唱歌的沙滩"，因为沙粒细腻洁白，行走如踏积雪，脚下便发出银铃般的歌声。

第四是绝佳海景。即便在海南，一线海景住宅类房源也属稀缺。目前亚龙湾基本已无可开发的海岸线，清水湾与亚龙湾相连，在自然环境上有过之而无不及。在海岛资源过度开发的海南，清水湾已然成了最后一片净土。

第五是绝佳山水。清水湾位于海南南线珍珠海岸，绵延57.5公里，清水湾、香水湾、土福湾、分界洲岛、南湾猴岛、椰子岛、新村潟湖、黎安潟湖、吊罗山国家森林公园、田仔高峰温泉等全在其中。

第六是绝佳交通。绿城蓝湾小镇距三亚市区40分钟车程，到机场60公里。在高速公路、城市轻轨、航空线路环绕下，立体交通网络让小镇畅达岛内外。

第七是绝佳湾区。绿城蓝湾小镇无缝接轨总投资1500亿元的国际旅游岛先行试验区，共享国家海洋文化主题公园、国际免税店、中国南海博物馆、游轮母港、国际赛马场等顶级配套资源；西临"国家海岸"海棠湾，借力"国家品牌"，享受32家以上的国际品牌滨海酒店服务。

第八是绝佳服务。绿城蓝湾小镇聚集了五星级酒店威斯汀度假酒店、国际标准18洞高尔夫球场、小镇商业中心，以及教育、医疗、健身中心等众多高规格配套设施。同时，小镇全面导入绿城24小时滨海度假园区生活服务体系，涵盖健康、文化教育、居家生活及度假服务四大体系，让业主无忧度假，畅享滨海生活。

第九是绝佳团队。绿城蓝湾小镇的营造，聚集了英国约翰·汤普逊及合伙人事务所（JIP）、香港思联建筑设计公司、泰国本斯利设计事务所等国际一流设计团队，他们致力于将这个项目打造成全球知名的滨海度假理想小镇。

第十是绝佳规划。绿城蓝湾小镇是绿城首个热带滨海度假小镇，集海景别墅、度假别墅、海景公寓、酒店式公寓、法式电梯洋房、景观高层等物业类型于一体。南区近海区域强调海景资源的享受，规划为度假主题，北部强调居住的便利性与丰富感，规划为小镇主题，满足短期度假及长期居住的双重需求。

除了以上这些绝佳优势，绿城蓝湾小镇还实现了建筑与空间的全新对话。

2012年底，绿城蓝湾小镇进入交付期。呈现在眼前的，不仅有沙质最柔细的海滩，也有全玻璃幕墙的建筑、层叠的无边际泳池……

有客户比喻，绿城蓝湾小镇的房子就像古董，越是孤品，越有价值。

澄庐便是海岸别墅的代表。澄庐位于整个大板块的最南端，沿2公里绝美海岸线设置了12栋一线临海别墅。业界公认，绿城蓝湾小镇的一线海景公寓，标定了海南住宅的品质新高度，它不仅秒杀岛内多数竞品，且几年内都不会有类似产品出现。

澄庐距离沙滩仅50米，海景资源优越是其最大的特点。因此，设计者将海景视线的最大化利用作为首要出发点，基于居住设计的经验性认知，将建筑紧贴海岸线，布置为两横两纵的回形围合布局，占据二维层面最大的海景视线，再进一步抬

澄庐户外无边游泳池

升前排的横厅，下沉前排的灰空间，给内院纵厅和后排横厅带来尽量多的海景视线，形成全方位的"海景"体验。

　　所有别墅的天然属性决定了其只能为少数人所享用。但在高端住宅市场，现代风格的建筑设计能否被客户接受一直是设计难点。绿城蓝湾小镇的设计者以"空间体验"为切入点，通过建筑构件限定、组织空间序列、场景收放和动静区域划分，还有建筑材料——石、木、玻璃、金属的使用，以及质感（光滑、温润、粗粝）的区分，形成丰富的空间体验，塑造了具有现代特质，又能为特定人群所接受的精神场所。

澄庐建筑体型通透，灰空间模糊了建筑、室内、景观以及幕墙设计的边界。因势利导，设计者在建造过程中发挥统领作用，借助顾问团队，"入侵"建筑之外的领域做实质性的跨界设计或设计导向。这一次设计整合的试验，对设计团队而言是一种全新的体验，也是建筑"精细化设计"尝试中迈出的一小步。

澄庐主客区分区建筑设置合理。主人区设置四个套房（包括主卧），保证其中两个套房可正面观海；主卧区设置在二层，配置私密观海SPA。客区采取类似厢房的设计，均为套房。两个套房，侧向观海。

在整个建筑的设计中，尽可能多地考虑长出挑屋檐，通过屋檐的延伸感达到视线与海平面融和。局部做少量的半地下空间。每个功能区块都有各自相对私享的庭院景观和共享的海景。层次丰富的庭院景观，通过一些户外楼梯强化空间灵动性。针对一层的屋顶，考虑多处户外观海休憩场地供躺椅摆放。庭院靠海区域设置观海亭，建筑二层的平台处设置观星台。长25米、宽8～12米的无边泳池霸气地从中庭笔直伸向海湾，宽阔的房间和院落分布得疏散惬意。

更多的惊喜来自绿城蓝湾小镇海量配套设施的投入使用：可容纳500人的园区食堂、3200平方米的蓝湾健身中心、健康医疗服务中心、环岛易购超市、小镇巴士和颐乐学院，以及疍家渔排的海鲜……以每户3人计算，旺季时，小镇居民已近万人。他们形成的巨大舆论场和口碑效应，改变了绿城蓝湾小镇。

随着社区生态日渐成熟，绿城蓝湾小镇从最初的"旅游大盘"，转变为真正的"宋卫平理想小镇"——比城市更温暖、比乡村更文明的小镇。

绿城蓝湾小镇新推出的140～500平方米的中式合院江南里，也让业主们惊叹不已。江南水乡、粉墙黛瓦、庭院深深……绿城把最经典的中式产品搬到海南的这座"绿城建筑艺术博物馆"里，让中式建筑庄严含蓄又咫尺于山水间的独特气质与磅礴辽阔、能纳百川的大海默契呼应，构建了一次建筑与空间的全新对话，这在绿城还是第一次。

左图：澄庐内部
右图：澄庐外部

　　其实，无论多好的地方，无论多好的房子，都需要有人来
尽情享用，都需要人用体温与呼吸去填充那样的崭新空间。绿
城蓝湾小镇就像是蓝色的恋人，在"会唱歌的沙滩"旁静静地
等待着主人的归来。

左图：江南里组团

右图：江南里组团

如此幸福的一天

雾一早就散了，我在花园里干活

蜂鸟停在忍冬花上

这世上没有一样东西我想占有

我知道没有一个人值得我羡慕

任何我曾遭受的不幸，我都已忘记

想到故我今我同为一人并不使我难为情

在我身上没有痛苦

直起腰来，我望见蓝色的大海和帆影

——波兰诗人米沃什《礼物》

（本单元内容原载于《HOME绿城》第86期，2013年。有修改）

Part 15

新桃花源记

The

New

Peach Colony

—

绿城·杭州桃花源

地理位置：浙江省杭州市余杭区东西大道以南

占地面积：约180万平方米

建筑形态：别墅

开工时间：1999年8月

交付时间：2015年12月最后一次集中交付

规划设计：浙江大学城乡规划设计研究院
　　　　　美国道林城市与规划设计集团

建筑设计：浙江绿城建筑设计有限公司
　　　　　美国道林城市与规划设计集团

景观设计：美国PERIDIAN景观设计公司
　　　　　苏州园林设计院有限公司

The
New
Peach Colony

新桃花源记

"芳草鲜美，落英缤纷，"

其乐融融……

桃花源俨然已成国人心灵皈依之美境，

如李白"功成拂衣去，归入武陵源"，

如刘长卿"重见太平身已老，桃源久住不能归"。

桃源五记

The Five Memories of Peach Colony in Hangzhou

古人所作桃花源图

为寻桃源真境，《桃花源记》作者陶渊明自晋末427年出发，其间跋山涉水，风餐露宿，穿越几近1600年，一路寻至杭州，至2013年于杭州西郊得见桃花源真容。

序

余幼时，即怀凌云之志。后感吏治黑暗，四十一岁辞官归里，夫耕于前，妻锄于后，躬耕自给，安贫乐道。

居则有"方宅十余亩，草屋八九间，榆柳荫后檐，桃李罗堂前"之田园舒适，出则见"暖暖远人村，依依墟里烟。狗吠深巷中，鸡鸣桑树颠"之乡野村味，深感人生之简单快乐，感念"悟已往之不谏，知来者之可追。实迷途其未远，觉今是而昨非"。

绿城·杭州桃花源

后家园失火，全家寄居船上，生活陷于窘迫。再过数年，几至绝境。

其时，武陵捕鱼人误入桃花源，见土地平旷，屋舍俨然，有良田美池桑竹之属。阡陌交通，鸡犬相闻。村民自食其力，自给自足，和平恬静，人人自得其乐。既出，告之于众，有人循迹寻踪，未果。余作《桃花源记》，记之。

公元427年，余假托病故，遁去，遍历天下，苦寻捕鱼人描述之桃花源。

千余年来，常闻桃花源显于某地：湖南常德、湖北十堰、江苏连云港、安徽黄山、台湾基隆、河南南阳、重庆永川、藏地香格里拉等，层出不穷。若置身其中，则瞬间沮丧。所谓桃源，或因利益，虚造声势，言过其实；或因战乱，面目全非，暴殄天物。千余年来，竟无一处桃花源合乎吾之三观。

公元2013年暮春，余跋涉至杭州，距城30余里，入得绿城·杭州桃花源，耳目及处，溢彩流光，如梦如幻，超乎想象。

近1600年寻觅，终见桃源真境，竟无语凝噎，不能自持。遂作《桃源五记》，记之。

张大千《仿石涛山水人物·镜心》（1933年作）

一

西溪侧畔　桃源真境

寻她千百度，
距城30余里，
怡然自乐处，
就在余杭凤凰山麓。

癸巳年暮春二月，余至杭州，稍作停留。从西湖侧畔过，出城，沿天目山路往西，离市中心约莫18公里处，得一佳处，曰绿城·杭州桃花源。

只见那桃花源东临闲林，体居中泰，倚（余杭）凤凰，接藏兵山。东南形胜，三吴都会，钱塘自古繁华，连地名也取得甚有意趣。

进得桃花源，沿路幡旗招展，或曰"江南桃源，世家情怀"，或曰"怡然真境界，繁华隐桃源"。

桃花源中，路随形而弯，依势而曲，或攀山腰，或穷水际，偶尔平铺直去。

两旁花草树木，疏密有致，高低错落。粉色桃花，白色梨花，大红山茶花，紫红紫荆花，白里透红广玉兰……奇花异木，红梢翠盖，花团锦绣。一路行走，宛如林中。林中多

绿城·杭州桃花源

怪石、瘦水、闲潭、静湖，更有老松、寒梅、古拙入画。

　　桃花源占地2700亩，分东、西、南三区，比古时候的一些州府县城还要大。600多幢别墅，因势而建，或在山坡上，或在路边，或在林中，或在湖中岛上。别墅稀疏，人也稀少，时有小鸟啁啾于花丛，松鼠奔跃于路上。

　　南区与东西区有河相隔，以桥相连，河叫桃花河，桥叫桃花桥。过桥不远，有小湖一处，称桃花湖，乃桃花源中第一大湖，湖边植物丛丛簇簇，勾搭缠绕。有几个老人在湖边垂钓，湖上野鸭、鸳鸯、白鹭等各种鸟类嬉戏玩耍。湖中心有一座岛，称桃花岛，岛上有两幢别墅，绿树掩映，杂花环绕，如人间仙境。

绿城·杭州桃花源

东区有一个农业生态园，又称业主自娱农场，家家户户，都有一木一田地用以自娱。有房屋隐于周围林中，鸡犬之声相闻，农场阡陌交通，自然山水和田园人居融为一体。

正是暮春时节，田垄间有几位业主，或种或采。田中菠菜、生菜等菜蔬生机勃勃。

西湖有十景，桃花源也有十景：桃湖烟雨，小潭秋月，柳溪春晓，云深石径，凤凰晴雪，南山叠韵，归园唱晚，花坞醉樱，名园绿水，卢浮香颂。美景点缀于重山碧水、湖畔美墅间，如天造地设一般。

正是一径抱幽山，居然城市间。

二

西锦听雨　庭院写意

庭院意境，
尽得苏州园林真传。
建筑风格，
融合中华与欧美精髓。

庭院承继苏州园林之精髓，别墅融合中华与欧美之理念。论意境，已得园林真传；论生活，则远超苏州园林矣。

于此园内，可闲潭问茶，可花间对酌，可对弈垂钓，可举杯邀月，可舞剑投壶，可宴饮歌咏……无俗事之乱耳，无案牍之劳形。

入得桃源，已是世外。进得别墅，方知世外更有世外。

一旦拥有，别无所求。

夜里住在南区西锦园。拾阶入园，一小院，两侧有门，一通外庭园林，一通厨房内庭。再走上三五级台阶进入正室，别墅层高五六米，玄关数十米。右侧是VIP会客厅。玄关左侧右转，有走廊，横竖约莫10米长。南侧次第为宴会厅、小会客厅、书房，北侧则是西式厨房套一间中式厨房，再往深处是楼梯、老人房。

楼上有主卧、小孩房、衣帽间、盆浴淋浴等，一应俱全。地下室又是另一番情景：有影视厅，可容纳数十人，屏幕数米长，可观影，可K歌；有娱乐厅，设有麻将桌，摆有国际象棋；中式茶室边是品酒吧，环壁酒柜，皆为洋酒。室内转两三个弯，僻静处有工人房两间，另有洗衣房、烘干室。车库与地下室并列，能容四五辆车，库内可掉头。

绿城·杭州桃花源

　　说话间，自家厨师已把晚饭备齐了。菜是桃源种的，鱼是湖里钓的，鸡是周边村里来的，尽是美食佳酿。酒过三巡，菜过五味，说说农事桑麻，听听江湖轶闻。时光飞逝，宾主尽欢。

　　春夜雨至，卧听窗外滴答之声，睡去。

　　晨起，雨还在下，管家已备早餐，清粥小菜，牛奶面包，极是清爽。

　　早餐后，从会客厅进入外庭，有园林一处。中心荷池，不到一亩，池深有数尺，鱼翔浅底，清晰可见。由是春雨的缘故，又有些风，只见落叶半潭，狂花满园。

　　绕着池子，有奇花异草、假山怪石，有香洲、小飞虹、月洞门、花厅、花榭、花馆、棋乐轩、对酒榭、濯足亭、听泉阁等。庭院内各处景致，通过卵石小径、廊坊相连。

　　在别墅一楼，只要是间房子，必定有门通向庭院。南侧是外庭，北侧则是内庭，内庭不大，好像一处小天井，有休息亭，还有烧烤处。

　　信步别墅，处处有惊喜。

三

天下美庐　尽入桃源

杭州桃花源，

中国别墅博览园，

随心订制专属别墅。

时值暮春，春服既成，冠者五六人，童子六七人，自南区西锦园出发，徒步而行，看山看水看别墅，走走停停，一日工夫，不能穷其境。叹曰：真大。大乎哉？真大也！

桃花源，曾谓浙地最大之别墅区，在中国亦首屈一指。其别墅种类之多，风格之繁，业内称为"别墅博览园"。纯欧式园景别墅、英伦风范小院别墅、地中海风格水岸别墅、苏州园林风格中式别墅……天下别墅，几乎尽入其内。

绿城别墅产品发展至今，已有四代。

第一代为"造房时代"，与普通公寓比，有物业，有围墙，有监控，有会所，有游泳池。一经面世，即颠倒众生。但其户型设计、庭院规划上有诸多不适合生活之处。

第二代为"造园时代"，以九溪玫瑰园和桃花源东区产品、部分西区产品为代表，注重环境营造，小区美如公园，如花园。但别墅内无电梯，草地花园大部分为斜坡，有石坎，家居小花园设计不够人性化，使用不方便，即好看却不太好用。

第三代为"造生活时代"。约2005年，绿城思考"围绕别墅，展开怎样的家庭生活方式"之问题，引进美国道林设计集团的"黑鹰社区"方案，自此别墅观念发生革命性变化：改变了以往别墅忽略花园的做法，视花园为主角，认为在别墅生活中，花草树木比人重要，将人的位置置于花园最低点，房子与花园连接处差距拉

平，房屋基线不再高于花园。同时，此阶段对别墅内部的理解也有了革命性变化，这里主要以桃花源部分西区产品和南区产品为代表：改变了中式别墅一门关进的做法，凡和花园接触处，皆设门。一处别墅，5门甚至10门通向花园。别墅生活，有地有田。室内与室外互相延伸，庭院有围墙，基本无台阶，房子即一壳而已，而别墅生活，即庭院生活。正是在桃花源，绿城别墅完成了从第二代别墅"造园"到第三代别墅"造生活"的升级。

目前桃花源正逐步迈向第四代别墅时代，即"个性化订制时代"。所谓订制，就是招揽世界顶级设计师与建筑师，寻求最好资源，为单个业主提供最好的服务：想要多少地给多少地，要多少房子就建多少房子，这是造园时代的进一步升级。

从十锦园的中式宅园，到风禾村的精装别墅，再到占地8亩的西式大宅，桃花源的每一个组团都像是绿城写出的别墅"源代码"，粲然成章，不相糅杂。桃花源以一代代创制的"源代码"产品，昭示什么才是真正的别墅生活，并因此改变了整个中国别墅的图景。

因此，称桃花源为"绿城别墅博览园"或者"中国别墅博览园"亦不为过。桃花源的发展史就是中国别墅发展史的一个缩影。

四

自在生活　动静随意

独居乐，
三五知交聚亦乐。
闭门有趣，
开门迎客亦有趣。

或曰：墙高院深之处，多鸡犬之声相闻，老死不相往来。

知者不以为然。

仓廪实而知礼节，衣食足而知荣辱。桃花源中，居其屋者皆各行各业领袖精英，世事洞明，人情练达。若非心如枯木，岂会不近人情？

余心有戚戚焉。

于此境地，邻里融洽，讲信修睦。乡里若即若离，收放自如。不因薄情而寡恩，不以情多而累人。自去自来梁上燕，相亲相近水中鸥。

西锦园有一处同乐园，是公共活动空间，亭台楼榭、曲水回廊、荷池假山等一应设置，都是中国园林典范。

晨时闻鸡而起，偕同好中人，三三五五，聚于广场空地，研习太极养生功法，或舞剑，或挥扇，或赤手打拳。晨练结束，清茶一杯，休憩于茶室内，畅谈于山水间……

绿城 · 杭州桃花源之西锦园

有聊得投机的，就邀了去家里坐坐。茶点数盘，焚香一炉，或在听雨轩中吟诗作赋，或在荷花池旁丢食戏鱼，或在小香洲里侍花弄草，或在月洞门边倚窗高谈。

日中之时，也可约三五知己，于湖边潭上，或盈水小亭间，三四壶温酒，五六盘熟菜，看花亦看柳，长歌复长啸。花亦长乐，鸟亦忘忧，何况人乎？

或者午后，会合桃源钓鱼协会同人，于桃花湖上，银钩甩定，坐卧随意，静待愿者上钩。名利如浮云，权势似流水。何如一竿一笠一扁舟，吟风弄月归去休？

或者在桃源东区，取一二分闲地，植三四行菊花，种七八样菜蔬，夫耕于前，妻锄于后，稚子嬉戏于阡陌。待到秋来，复现"采菊东篱下，悠然见南山"的意境。

除了自娱，桃源社区互动也多。亲子沙龙，于风轻云淡日，节庆正浓时，一起捏泥人，吹糖画，套圈圈，拉洋片，做西点；元宵烟花晚会，于绚烂璀璨处，玩游戏，包汤圆，看烟花；风筝文化节，画图案，擀竹片，上线盘；邻居节，品茶味，学插花，打麻将，参加趣味运动会；女性沙龙，或美容，或养生，或购物……

嬉戏之间，互有了解，或互赠礼物，或相约下次再聚。

人生如此，夫复何求？

五

业界精英　一见倾心

出则繁华，
入则宁静。
环境为大，
山水鸟兽为王。

　　杭州桃花源，国内别墅之集大成者也，业界领袖，各路精英，云集于此，可谓藏龙卧虎之地矣。

　　世家宅院，庭堂厢房。数代同堂，其乐融融。大多国人内心的居住理想，因传统基因之沉淀，大凡如此。

　　杭州桃花源，一源内外，两处世界，古代与现代融合，过去与当下汇聚，诗意栖居与都市生活交集。

　　沈女士，时尚界一以贯之的引领者和高明推手，是当之无愧的对杭城时尚有杰出贡献的女性。她沿袭着江南女子纤柔婉约的风采，也有着现代女性敏锐的心智与从容的气度。在时尚、传统与经典之间，她自由而又优雅地游走。

　　这样的一个女子，与桃花源的邂逅，是浪漫的一见钟情。

　　对于沈女士而言，桃花源就是她现实生活中的理想居所。沈女士回想起初次邂逅桃花源的感觉，如是说："我孩提时候，对花草树木怀有很深厚的感情，那时候可以在大树底下乘凉、嬉戏，那是一种纯净、美好的情怀，现在看到桃花源里的这些树木，我就会想到那时。"

而提到桃花源，最让她动心的地方就是"桃花源达到了命名的境界"。

沈女士把桃花源的家命名为"馨园"，寓意温馨的家园。

那是她的理想地，温馨、宁静、安详。在这里可以随意生活，随意看书，随意冥想。她把自己的父母和先生的父母都接到一起，三世同堂，大家族其乐融融，共享天伦。

沈女士也喜欢和朋友聚会，家里那满眼春色的客厅是她和朋友相聚的好地方，宛如新时代里"林徽因的客厅"。

然而，桃花源中，最大的主人非精英业主，乃山水、花草、飞鸟、走兽，乃居住环境。

或曰：清风有声，明月有色，江山无穷，风月长存。天地以无私声色娱人，桃源以人工巧思倍增之。

刘禹锡言：山不在高，有仙则名。水不在深，有龙则灵。

桃花源中，人与景则相映成趣：人因桃花源诗意而栖居，桃花源因精英入住而增色。

某业主，一生仕途波澜壮阔，到了晚年，偶遇桃花源别墅，随即处理了其他房产，举家迁入桃花源。诚如宋董所言：士大夫的理想栖息地不过如此。

某先生，杭城法律界翘楚，入住桃源后，乐于邻里交往，结识诸多志同道合者，有些已经成了职场上的良师益友、合作伙伴。

桃花源里，还住着一些文艺界泰斗，更有电商领袖长居于此，各行各业的上市公司总裁均在桃花源找到了属于自己的一生之宅……

这些精英领袖，白天在各行业内叱咤风云，夜晚、节假日则遁入桃花源，隐姓埋名。或与家人共享天伦，其乐融融；或与至交小酌两杯，畅所欲言；或于桃花源内散步，信马由缰；于湖潭上钓鱼，得失无意；或于田亩中耕作，暂归农田。

城市与桃源，红尘与界外，琐碎与安顿，繁华与宁静，在杭州桃花源，这些是对立的统一，可以自由转换，随意把持。

跋

孟浩然、王维皆桃花源之粉丝，孟诗有"莫测幽源里，仙家信几深"，王诗则说"初因避地去人间，及至成仙遂不还"。韩愈则不然，直呼"神仙有无何渺茫，桃源之说诚荒唐"；苏轼火力甚猛，称"世传桃源事，多过其实"；而五峰先生推断，"当时渔子渔得钱，买酒醉卧桃花边。桃花风吹入梦里，自有人世相周旋"。

明清以来，争论亦然。桃花源之有无终无定论。

桃花源俨然已成国人心灵皈依之美境，如李白"功成拂衣去，归入武陵源"，如刘长卿"重见太平身已老，桃源久住不能归"。

书画之外，《桃花源记》亦有许多相关作品：影视作品《桃花源记》，舞台作品《暗恋桃花源》……更有当代歌者，久唱不衰。

生生世世，桃花源话题不歇。

由是天下名桃花源者，不胜枚举，层出不穷。

余不敢妄自菲薄，数千年遍游各地，四处寻觅，终于杭州见得桃花源真境。

客居数日，难以舍弃，决定终身定居于此。

逢此盛世，海晏河清。又于此桃源真境，余得陇望蜀，尘心再起，想一了晋时未竟之心愿。

俱怀逸兴壮思飞，欲上青天揽明月。

此世此地，此去经年，余自有一番大作为，至于此番所遇，又是另一篇恢宏之作。

周勤　绿城·杭州桃花源西锦园、十锦园设计师，
上海丁周建筑环境艺术设计有限公司执行经理、设计总监

营造者说

意境与营造

Artistic Concept and Construct

我们所深刻理解的中式语汇，在室内室外化、室外室内化上是最显功力的，场景的交融力求达到巅峰的状态，这也是我们在中式建筑里面要表达的内容。

十锦园整体设计的思想在于，建筑、室内、景观设计是互相连通、交织互动的关系，同时展开，同时并进，相互覆盖，它们是一个整体。例如米开朗琪罗既是画家又是建筑师同时也是规划师，其实这三个专业在150年前才分开。以前我们的古典建筑都是由外向内，先设计一个造型，不去划分里面的功能；现在的建筑思路则正好相反，是由内向外的，而这样的做法不过才经历了200年。由外到内、由内到外，从宏观到细部、从细部到宏观，都是一个反复的过程。

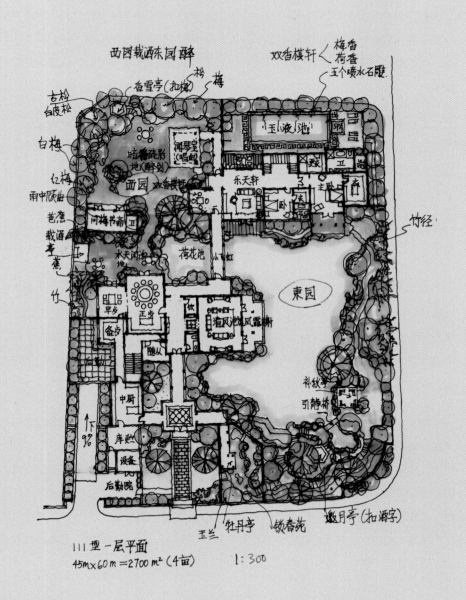

西锦园手绘图

在建筑形状方面，我们把它归纳为门、堂、廊三个部分，整体目标是门堂求正、廊轩求变、亭榭求趣。在图案装饰的选择上，中国人有中国人的传统，所以摒弃了老虎、龙等动物的图案，选择以花、鸟为主题，例如牡丹花寓意富贵，白头翁寓意白头偕老。

在使用的细节设置方面，还会根据具体情况进行更多的考虑，比如9号园，它旁边的园子对它有压迫感，所以摆了一个石狮子，这样既有中国文化情调，又形成了感官上的愉悦。户主使用时也可以根据自己的喜好加一些个性化的元素。

建筑中，形式和功能实际上是并行而不矛盾的，我们现在是以中式的形式结合了现代的功能。其实桃花源的房子并不像故宫、四合院这些官堂建筑，而是中西建筑的混合体。

有一个最典型的案例，一位客户曾经认为这样的房子太阴暗、太中式，但她去现场看过后感觉就不一样了。从某个方面讲，我们本身并不是走传统路线，比方说浴袍的面料没变，只是图案变了。从使用者的角度理解，如果正常使用绿城的中式别墅，信息量和内容只会丰富不会减少，包括琴、棋、书、画……还有更多的功能，使用者自己可以创造，比如茶道、收藏古董，或者收藏红酒。

我们不想用古代文人的东西套住现代人的生活，更不想以放弃舒适生活为代价来传承我们的文化。因此在西锦园中不仅有对棋、垂钓的区域，还多了东南亚场景、SPA之类的。应该说，我们的特点在于中式的院落是用墙分割且由月洞门相连的，所以不同的园子可以各定风格。比如中心水园是最中式的风格——"东东"风格，接下去则是"东西"风格的园，再接下去是"西东"风格的园，比如户外餐饮园，而泳池园则是"西西"风格。换言之，在我们的园子里不是只有一种风格，主园是中式的，但副园的变化也不是突变，而是一个慢慢的演变。

　　在这样的规划下，很多功能都可以用院子来归纳，连停车位都可以有一个院子。但这里有一个难题——墙，做惯了西式建筑设计，在加这些墙时会觉得很为难，第一不知道加在哪里，第二无法想象将这个院围合后应该拿它来做什么。现在我们设置了很明确的院落主题，比如夏苑是夏天避暑用的，那么就必须设置相应的设施、功能。在考虑平面布置时，设计师也会很清楚墙的位置，两个概念带动之下，墙很自然地就出现了。这需要对功能有一个认知的过程。

（本单元内容原载于《HOME绿城》第79期，2013年。有修改）

后
记

Postscript

绿城的产品要成为集颜值、贤惠、聪明于一体的城市标杆。

——宋卫平

　　为什么那么多人喜欢绿城的房子？这本书，也许给出了一些答案。本书的15个项目，包含绿城作品中的居住物业、公用物业、商用物业、保障物业、城市综合体、理想小镇、运动系列和杨柳郡系列。每一个项目，从城市、区域底蕴到建筑特色，到设计图的首次公开亮相，以及设计师、建造师专访，带给读者的，不仅是建筑学的欣赏，更是历史学、社会学和美学的熏陶。

　　在此，感谢《HOME绿城》多年来参与城市地标策划、采写、编辑和校对等工作的老师，以及参与资料收集的各位同仁，是大家共同完成了这本书的创作和出版。

　　这本书的出版，也是向绿城作品背后的设计师、建造师、策划师等所有项目参与者致敬。是你们的付出，成就了一个个美好的作品。

　　绿城相信，美好的房子影响一代代人的精神。因为创造，所以越来越美好。

　　本书内容来自《HOME绿城》杂志。本书涉及的项目内容不排除因政府相关规划、规定及开发商未能控制的原因而发生变化。文中所用效果图仅作为示意参考，或非最终方案，不作为要约或承诺。

图书在版编目（ＣＩＰ）数据

美好的房子 / 绿城中国主编 . -- 杭州 ：浙江大学
出版社，2019.8（2021.11 重印）
ISBN 978-7-308-19016-9

Ⅰ．①美… Ⅱ．①绿… Ⅲ．①生态建筑－建筑设计－
作品集－中国－现代 Ⅳ．① TU18

中国版本图书馆 CIP 数据核字（2019）第 044737 号

美好的房子

绿城中国　主编

责任编辑	陈丽霞　丁佳雯	
责任校对	仲亚萍	
装帧设计	程　晨	
出版发行	浙江大学出版社	
	（杭州市天目山路148号　　邮政编码　310007）	
	（网址：http://www.zjupress.com）	
排　版	杭州林智广告有限公司	
印　刷	浙江海虹彩色印务有限公司	
开　本	787 mm×1092 mm　1/16	
印　张	23.75	
插　页	15	
字　数	380千	
版 印 次	2019年8月第1版　2021年11月第2次印刷	
书　号	ISBN 978-7-308-19016-9	
定　价	158.00元	